一日多蔬

湯料理

三悅文化

→ 分量十足的 湯料理

只要做好一道，再附上白飯或麵包就可以上桌！

這本書所介紹的湯品，是把蔬菜、肉類或魚肉等蛋白質放進鍋裡，可以拿來當成主菜的「湯料理」。正因為分量十足，而且營養均衡，所以之後只要再附上白飯或麵包，就能立即上桌！忙碌的時候、希望調整身體狀態的時候、想放鬆的假日、招待重要賓客的日子……等。請依照當天的心情和情況，從書中羅列的湯品中，挑選一道您個人喜歡的湯料理吧！

with 麵包

義大利雜菜湯（p.56）＋麵包

with 白飯

雜燴湯（p.22）＋白飯

正因為有大量配菜，所以最適合作為「湯便當」

湯料理也可以當成便當的配菜。只要放進保溫的容器裡，就能在中午吃到熱騰騰的料理！請注意綠色蔬菜經過一段時間就會變色、大塊蔬菜要切成小塊容易入口等細節，這本書的每一道湯品便能變成「湯便當」。

真空食物燜燒罐
（0.38ℓ，番茄）
3,675 日圓／膳魔師
採用不鏽鋼魔法瓶構造，可以放入熱湯或燉菜，並且以優異的保溫能力維持料理的溫度，直到午餐時間。密封容器的外蓋容易開啟，卻又不會洩漏，相當受到好評！

➔ 2碗湯就可以攝取到
一日蔬菜量

1鍋（2碗的分量）
裝滿350g以上
的蔬菜

每一道湯料理，只要吃上2碗，就可以自然攝取到350g以上的蔬菜。「雖然知道每天必須攝取350g的蔬菜，但是要製作好幾道蔬菜料理卻相當費力！」有這種想法的人，請務必多多利用本食譜。蔬菜是低熱量的食材，分量也會隨著烹煮而減少，同時也非常容易消化，所以可以一口氣吃下許多分量。利用湯料理補充不足的營養，讓身心靈都充滿力量吧！

蔬菜
350g

in

2碗湯等於
1天的蔬菜量

＝

每天要
350g
以上為目標

每天該吃
多少蔬菜才夠？

根據日本厚生勞動省的調查，成人每人每天應該攝取350g以上的蔬菜量為目標。由於每種蔬菜所含的營養多寡和作用各不相同，所以盡可能均衡攝取綠黃色蔬菜和淡色蔬菜，同時攝取多種種類最為理想。

綠黃色蔬菜

指每100g的蔬菜量，含有600μg以上的β胡蘿蔔素的蔬菜。在這類蔬菜當中，有著紅、黃、綠色等鮮豔色彩的蔬菜，營養成分特別高。順道一提，番茄和青椒的β胡蘿蔔素含量，雖未達到規定的標準，但是這類蔬菜通常都會一次吃較多的分量，所以把它歸類在這一類。

淡色蔬菜

淡色蔬菜是指，不含綠黃色蔬菜、薯類和菇類的所有蔬菜。顏色比較淡，味道也比較溫和，所以容易廣泛運用在各種料理。就算β胡蘿蔔素不多，不過，營養價值極高的蔬菜也不少。

★薯類、菇類不在蔬菜之列
不歸類在蔬菜之列的薯類含有豐富的糖質和維他命C，菇類則有豐富的食物纖維。每一種都是增添湯頭鮮味和濃稠度所不可欠缺的食材，所以就搭配蔬菜一起品嚐吧！

Contents

Part 4
想調理身體狀況時的
「療癒！健康湯品」

本書的使用方法

●就配菜的部分來說，材料的分量是以 2 大碗或 4 大碗（有些料理則是容易製作的分量）為標準。

●熱量（kcal）是以 1 碗的量為標準。

● 1 大匙是 15ml、1 小匙是 5ml、1 杯是 200ml。1 米杯的分量是 180ml（1 杯），可直接使用電鍋隨附的量米杯。

●如果沒有特別指定火候，就請用中火進行烹調。

●微波爐的加熱時間，以使用 600W 的情況為標準。若是 500W，請以 1.2 倍為標準，進行時間的調整。另外，加熱時間也會因微波爐的種類或材料的個體差異而不同，所以請視個人情況進行調整。

●除非有特別指定的情況，蔬菜類的處理一律省略清洗、削皮等作業的說明。

●高湯是指利用昆布、柴魚、小魚乾等食材熬煮成的日式高湯。使用市售高湯塊（粉）的時候，請依照產品的包裝標示使用。另外，由於市售品已經預先調味，所以請先試過味道後再進行調味。（參考 p.6）

●調味料類，除非有特別標示，醬油一律採用濃口醬油，小麥粉使用低筋麵粉，砂糖則是使用白砂糖。胡椒請依個人喜好，使用白或黑胡椒粉。

基本的**高湯**烹煮方法

有時間就
親手熬煮吧！

在此介紹湯底，也就是高湯的製作方法。
雖然本書建議採用市售的高湯粉或是高湯塊，
不過，也可以把「水＋法式清湯粉」換成「雞湯」或是「蔬菜湯」。
這個時候，親手製作的高湯並沒有調味，所以請記得用鹽巴加以調味。

高湯

柴魚片＋昆布的
基礎高湯。手工烹煮的
鮮味就是不一樣！

材料（容易製作的分量）

柴魚片⋯25g
昆布⋯10cm
水⋯6杯

1 昆布用擰乾的布輕輕擦拭表面，把指定分量的水放進鍋裡浸泡30分鐘。

2 用中火烹煮步驟**1**的鍋子，產生小氣泡，開始沸騰之後，把昆布撈起。

3 沸騰之後，把柴魚片一口氣放入，用小火烹煮2分鐘左右。

4 關火，待柴魚片沉入鍋底後，用濾網加以過濾。

雞湯

用配料消除腥味，
濃郁卻十分清爽。

材料（容易製作的分量）

二節翅⋯4～5支
蔥的綠色部分⋯1根
薑片⋯2～3片
酒⋯3大匙
水⋯5杯

1 把二節翅的雞小翅切下，沿著背面較粗的雞骨切出刀痕。

2 把所有材料放進鍋裡，用大火烹煮，沸騰之後，關小火，撈除浮渣，烹煮20～30分鐘。

3 關火，用濾網撈出食材。雞翅可以把雞肉撕下，拿來製作沙拉或涼拌。

蔬菜湯

混合香味蔬菜，
鎖住天然的甜味和香氣！

材料（容易製作的分量）

胡蘿蔔⋯½根
洋蔥⋯½顆
芹菜葉⋯¼根的量
巴西利梗⋯1根的量
月桂葉⋯1片
水⋯5.5杯

1 胡蘿蔔、洋蔥切成對半。如果有，只要再加上芹菜、巴西利、月桂葉，就能產生更棒的香氣。

2 把所有材料放進鍋裡，開大火烹煮，沸騰之後，關小火，撈除浮渣，烹煮20～30分鐘。

3 關火，用濾網撈出食材。蔬菜可以拿來當成沙拉或湯的配菜。

市售品就採用個人喜歡的種類

市售的高湯粉（塊）或是高湯包，可以用熱水溶解或是丟進湯裡烹煮。高湯有鰹魚、昆布、小魚乾風味，也有蔬菜、雞肉、牛肉等口味，是否有化學調味的添加，取決於商品種類，所以請配合個人喜好或料理種類使用。

自製高湯也可以冷藏或冷凍

高湯可以冷藏保存2～3天，冷凍則可以保存2星期左右。可以放進密封容器裡存放。如果少量的話，也可以裝入夾鏈袋保存。只要把密封袋攤平冷凍，就可以更快速結凍，也可以折下需要的部分使用。

Part 1

想快速上桌的日子
「快速★20分湯」

大家都希望每天煮湯可以毫不費力，

所以我嚴選了烹煮時間不需要10分鐘的熱門湯品！

這裡將以6種不同的風味來做介紹。

舒緩心靈的溫和味道、細膩且時尚的味道、濃厚且深層的味道、

帶來活力的精力湯等，可以品嚐到多種味道且百吃不膩、

令人食指大動的好湯，全集結在這裡。

料理／堤　人美　攝影／原　秀俊

奶油風味

加了牛奶或豆漿的奶油湯，
充滿濃醇的甜味，同時還有著令人放鬆的溫和口感。
添加咖哩、明太子、奶油玉米、起司等食材，
享受味道的變化吧！

南瓜咖哩奶油湯

（1碗）
456
kcal

最後放入的咖哩醬，讓味道更顯扎實。
若隱若現的辛辣，和南瓜的甜味相當契合！

1鍋（2碗）
的蔬菜攝取量
 南瓜
250g
＋
 洋蔥
¼ 顆
＋
 甜椒
½ 顆
= 375g

材料（2碗）

南瓜…250g
洋蔥…¼ 顆（50g）
甜椒（紅）…½ 顆（75g）
雞腿肉…½ 片
A｜水…1.5 杯
　｜法式清湯粉…½ 小匙
牛奶…1.5 杯
咖哩醬（市售品）…30g
醬油…1 小匙
鹽、胡椒…各適量
奶油…2 小匙

3 加入蔬菜
雞肉煎得焦黃後，上下翻
面，把步驟1的蔬菜倒進
鍋裡，快速翻炒。

1 切蔬菜
南瓜去除種籽和瓜瓤，切
成 2cm 丁塊狀。只要把南
瓜的果肉朝下，從瓜皮開
始切，就比較不會滑動。
洋蔥、甜椒切成 1.5cm 的
丁塊狀。

4 烹煮
加入材料 A，用小火烹煮
10 分鐘。南瓜烹煮至竹籤
可穿透的軟爛程度即可。

2 煎肉
雞肉切成一口大小，撒上
鹽、胡椒。把奶油溶入鍋
裡，雞皮朝下放入鍋裡，
用中火煎煮 1 分半鐘。

5 最後
加入牛奶煮沸，關火後，
溶入咖哩醬。再次開火，
用醬油、胡椒調味。

花椰菜玉米奶油湯

一碗
268
kcal

運用奶油玉米的天然濃醇和甜味。
有著格外優異的溫和口感,放鬆且療癒人心的美味。

1鍋(2碗)
的蔬菜攝取量 　 花椰菜 ½ 小株 ＋ 四季豆 10 根 ＋ 洋蔥 ¼ 顆 ＋ 玉米粒 80g、玉米罐 1 小罐 ＝ **520g**

材料(2碗)

花椰菜…½ 小株(150g)
四季豆…10 根(50g)
洋蔥…¼ 顆(50g)
玉米粒…80g
剝殼蝦…150g
A｜水…1 杯
　｜法式清湯粉…1 小匙
牛奶…½ 杯

玉米罐(奶油)…1 小罐(190g)
鹽、胡椒…各適量
奶油…2 小匙

1　花椰菜分成小朵。四季豆切掉蒂頭,切成四等分。洋蔥切片。鮮蝦如果有沙腸就加以清除,再用鹽水(額外分量)清洗,接著把水瀝乾,撒上鹽、胡椒。

2　把奶油溶入鍋裡,放入洋蔥快炒,加入花椰菜、四季豆、玉米、鮮蝦,進一步翻炒。

3　加入材料 A,蓋上鍋蓋,用中火烹煮 3 分鐘,直到花椰菜熟透為止。

4　加入牛奶和玉米罐,稍微烹煮後,用 ⅓ 小匙的鹽巴、胡椒調味。

高麗菜
鮭魚奶油湯

1碗
383 kcal

鍋裡的大量蔬菜可藉由燉煮產生甜味，
同時鎖住營養。健康而且分量十足！

1鍋（2碗）的蔬菜攝取量 高麗菜 3 大片 ＋ 胡蘿蔔 ½ 根 ＋ 洋蔥 ¼ 顆 ＝ **365g**

材料（2 碗）

高麗菜…3 大片（240g）
胡蘿蔔…½ 根（75g）
洋蔥…¼ 顆（50g）
鮭魚…1 塊
A | 水…1 杯
　 法式清湯粉…⅓ 小匙
　 甜豆漿…2 杯
B | 奶油（室溫軟化）…2 大匙
　 小麥粉…2 大匙

鹽、胡椒、小麥粉…各適量
奶油…1 小匙

1 高麗菜切成 2cm 丁塊狀。胡蘿蔔、洋蔥切成 1.5cm 丁塊狀。

2 鮭魚切成一口大小，撒上鹽、胡椒，塗上小麥粉。材料 B 充分拌勻備用。

3 把奶油溶入平底鍋，把鮭魚的兩面煎煮 1 分鐘左右。讓鮭魚靠在鍋緣，加入步驟 1 的食材，快速翻炒，加入材料 A，用中火烹煮 3 分鐘。

4 蔬菜的分量減少之後，減弱火候，慢慢加入材料 B 的馬尼奶油，讓湯產生濃稠感，並且用 ½ 小匙的鹽、胡椒調味。

11

水菜和馬鈴薯的明太子奶油湯

1皿分 308 kcal

熱呼呼的馬鈴薯&清脆的沙拉，
裹上明太子湯，有著絕妙的和諧感♪

Point
只要連同太白粉一起放在碗裡充分攪拌，再用小火烹煮，湯就不會結塊，黏糊程度就會更加均勻。

1鍋（2碗）的蔬菜攝取量 洋蔥 ¼ 顆 ＋ 水菜 ½ 把 ＋ 豆苗 1 包 ＋ 貝割菜 1 包 ＝ **380g**

材料（2碗）

洋蔥…¼ 顆（50g）
馬鈴薯…2 顆（300g）
水菜…½ 把（100g）
豆苗…1 包（150g）
貝割菜…1 包（80g）

A	辣明太子…3 大匙
	雞骨高湯粉…½ 小匙
	醬油…2 小匙
	太白粉…1.5 小匙
	牛奶…1 杯
	水…1.5 杯

沙拉油…1 小匙
鹽、胡椒…各適量
橄欖油…½ ～ 1 小匙

Memo
冬季也可以加點縮葉菠菜。不需要汆燙，直接放進湯裡煮吧！

1 洋蔥切片。馬鈴薯在帶皮的狀態下仔細清洗乾淨，用保鮮膜包覆，用微波爐（600W）加熱 6～7 分鐘。

2 用鍋子加熱沙拉油，把洋蔥炒至軟爛。

3 在材料 A 的明太子薄皮上切出刀痕，把裡面的明太子挖出，和剩下的材料一起放進碗裡充分攪拌。加入步驟 2 的洋蔥，用小火一邊烹煮，直到呈現黏糊狀。

4 水菜、豆苗切成 4cm 長，貝割菜切掉根部，一起泡過水之後，把水瀝乾。用鹽、胡椒、橄欖油拌勻後裝盤，把馬鈴薯剝開，裝盤後，淋上步驟 3 的明太子湯。

綠花椰奶油起司湯

利用煮爛的馬鈴薯烹煮出絕佳黏糊感。
奶油起司呈現出毫不矯作的濃郁口感。

1碗
467
kcal

Memo
馬鈴薯是這道湯的黏糊
度所不可欠缺的食材。
也可以試著搭配菠菜、
小松菜、豌豆或蘆筍等
綠色蔬菜。

1鍋（2碗）
的蔬菜攝取量 綠花椰
1 大株 **+** 洋蔥
½ 顆 **= 350g**

材料（2 碗）

綠花椰
　…1 大株（小朵部分 250g）
馬鈴薯…1 顆（150g）
洋蔥…½ 顆（100g）
培根…2 片
A｜水…1 杯
　｜法式清湯粉…½ 小匙

牛奶…1.5 杯
奶油起司…60g
鹽…½ 小匙
胡椒…適量
奶油…2 小匙
蘇打餅…4 片

1　綠花椰分成小朵，切成粗塊。馬鈴薯切成一
　半後，切成 1cm 厚。洋蔥切片。培根切成
　1cm 寬。

2　把奶油溶入鍋裡，用中火快炒洋蔥、培根，
　加入馬鈴薯、綠花椰拌炒。

3　加入材料 A，蓋上鍋蓋，用小火烹煮 5～6
　分鐘後，加入牛奶，煮沸。

4　加入奶油起司，溶解後，用鹽、胡椒調味。
　起鍋後，連同蘇打餅一起上桌。

番茄風味

酸甜的番茄經過烹煮後，就能鎖住鮮味！
是蔬菜，同時也是絕佳的調味料。
除了新鮮的番茄之外，濃醇的番茄罐、
滑溜的番茄汁也非常適合熬湯。

俄羅斯酸奶牛肉湯

1碗
513
kcal

因為是利用薄切的蔬菜製作，所以只要快煮即可完成。
在番茄的幫助下，調理出多汁且清爽的味道！

1鍋（2碗）的蔬菜攝取量　 洋蔥 ½ 顆 ＋ 胡蘿蔔 ½ 根 ＋ 牛蒡 約⅓根 ＋ 番茄 1 顆 ＝ 385g

材料（2碗）

洋蔥…½ 顆（100g）
胡蘿蔔…½ 根（75g）
蒜頭…½ 瓣
牛蒡…⅓ 根（60g）
番茄…1 顆（150g）
牛肉片…200g
A｜鹽…⅓ 小匙
　｜胡椒…適量
　｜小麥粉…2.5 大匙
紅酒…¼ 杯
法式清湯粉…1 匙
B｜番茄醬…2 大匙
　｜辣醬油…1.5 大匙
　｜砂糖…一撮
　｜鹽…⅓ 小匙
奶油…1 大匙

1 肉的預先調味

牛肉依序塗上材料 A。撒上小麥粉，讓肉變得軟嫩，同時增添湯的濃稠度。

2 炒蔬菜

洋蔥、胡蘿蔔、蒜頭切片。牛蒡用刨刀削片，泡水後瀝乾。把奶油溶入平底鍋，加入蔬菜，用中火持續炒至軟爛。

3 加入番茄、肉

番茄切成大塊，加入鍋裡，番茄皮剝落之後，把炒好的蔬菜撥到一邊。如果感覺油量太少，就再加點奶油或沙拉油（額外分量），加入牛肉快炒。

4 烹煮

肉變色之後，加入紅酒、2 杯水、法式清湯粉，用略強的中火煮沸。撈除浮渣。

5 最後

依序加入材料 B 調味。起鍋後，如果有切碎的巴西利，就撒上切碎的巴西利。

快速馬賽魚湯

1碗
209
kcal

在短時間內誘出魚貝類的精華。
氣味明明濃郁，卻有著清爽的口感。

Point
用柳橙汁來取代番紅花。不
僅可以消除魚貝類的腥味，
還能增添輕微酸味，讓味道
變得更加時尚。

1鍋（2碗）
的蔬菜攝取量   洋蔥
¼顆 ＋ 芹菜
1大根 ＋ 胡蘿蔔
1小根 ＋ 小番茄
10顆 ＋ 甜椒
½顆 = **505g**

材料（2碗）

洋蔥…¼顆（50g）

芹菜
　…1大根（僅莖的部分，180g）

胡蘿蔔…1小根（100g）

小番茄…10顆（100g）

橄欖（黑）…8顆

鮮蝦（草蝦）…4尾

花蛤（帶殼）…200g

A │ 水…1杯
　│ 白酒…¼杯
　│ 番茄汁（有鹽）…1.5杯

月桂葉…1片

巴西利…2～3支

柳橙汁…3大匙

切片的甜椒（黃）
　…½顆（75g）

鹽…½小匙

胡椒…適量

橄欖油…1大匙

1 洋蔥、芹菜切片，胡蘿蔔切成薄片。

2 用鮮蝦去殼，去除沙腸，把適量的鹽、太白
粉（額外分量）塗抹於整體，再用水清洗。
花蛤浸泡在海水程度的鹽水（額外分量）裡
吐沙，把外殼搓洗乾淨。

3 用平底鍋倒入2小匙的橄欖油加熱，加入步
驟1的食材快炒後，加入材料A，加入花蛤、
鮮蝦、小番茄、橄欖。月桂葉、巴西利連同
莖一起鋪在上方，用中火烹煮3分鐘，直到
花蛤的殼打開。

4 淋上剩下的橄欖油，用鹽、胡椒調味。最後
加上柳橙汁，煮沸後起鍋，撒上甜椒。

辣豆湯

咖哩粉的香氣、辛辣挑逗食慾。
蔬菜、豆子和肉，滿滿的營養帶來活力。

1碗
312
kcal

Memo

麵包、白飯、麵食等，全都是湯的好夥伴。如果採用麵食，也可以加入螺旋麵或意大利寬麵條，製作成湯麵。

1鍋（2碗）的蔬菜攝取量　洋蔥¼顆 ＋ 青椒2顆 ＋ 番茄罐½罐 ＋ 萵苣4片 ＝ 470g

材料（2碗）

洋蔥…¼顆（50g）
青椒…2顆（60g）
蒜片…½瓣
番茄罐…½罐（200g）
紅菜豆（乾燥包）…100g
牛豬混合絞肉…100g
A｜水…2杯
　｜法式清湯粉…½小匙

咖哩粉…½大匙
鹽…⅓小匙
胡椒…適量
醬油…1小匙
橄欖油…2小匙
萵苣切條…4片（160g）
披薩用起司…3～4大匙

1 洋蔥切片，青椒切成1cm丁塊狀。

2 用鍋子加熱橄欖油，用小火炒蒜頭，產生香氣後，加入洋蔥。洋蔥變軟後，加入絞肉和咖哩粉，用中火拌炒，撒上鹽、胡椒，持續炒到粉末感消失為止。

3 加入青椒、番茄罐、紅菜豆及材料A，煮沸後，撈除浮渣，烹煮5分鐘，加入醬油。

4 起鍋，鋪上萵苣、起司。可依個人喜好，撒上一味唐辛子（純辣椒粉）。

17

法式清湯風味

用肉或蔬菜燉煮而成的法式清湯，
是西式湯品的湯底。
味道清爽，所以可以自由變化！
市售的法式清湯粉相當便利，
不過，也可以自行烹製（參考p.6）。

德國酸菜湯

高麗菜十分清脆且美味。
只要加上醋的溫和酸味，就可以一口氣吃個精光。

1鍋（2碗）
的蔬菜攝取量 高麗菜 ¼ 顆 ＋ 洋蔥 ¼ 顆 ＝ 350g

材料（2碗）

高麗菜…¼ 顆（300g）
洋蔥…¼ 顆（50g）
白葡萄酒醋（或醋）…2 小匙
蒜頭切片…1 瓣
香腸…4 條
菜豆（罐頭）…100g
A｜水…2.5 杯
　｜白酒…1 大匙
　｜法式清湯粉…1 小匙
鹽、胡椒…各適量
橄欖油…2 小匙
芥末粒…適量

3 拌炒
橄欖油用鍋子加熱，加入
蒜頭、步驟 2 的食材拌炒。

1 切蔬菜
高麗菜切成略粗的細條，
直到芯的部分。洋蔥切
片。

4 烹煮
加入材料 A，用中火煮沸，
加入香腸，用 ⅓ ～ ½ 小
匙的鹽、胡椒調味。

2 搓鹽
把步驟 1 的食材放進較大
的碗裡，撒上 ¼ 小匙鹽，
充分搓揉。食材變軟之
後，把水擰乾，加上酒醋
攪拌。

5 加入菜豆
加入菜豆，再進一步煮沸。
連同芥末粒一起上桌。

法式焗洋蔥湯

1碗
275
kcal

煎得焦黃的厚切洋蔥是鮮味的來源。
足以與米黃色洋蔥匹敵的濃厚味道相得益彰！

1鍋（2碗）的蔬菜攝取量 洋蔥 2顆 = 400g

Point

確實煎成黃褐色的洋蔥會產生甜味和濃郁口感，那就是湯的鮮味根源。

材料（2碗）

洋蔥…2顆（400g）

A｜水…3杯
　｜法式清湯粉…1小匙
　｜酒…1大匙

B｜醬油…½小匙
　｜鹽…½小匙

法式長棍麵包（切成 1.5cm 厚）
　…4片

蒜頭…1瓣
鹽…少許
奶油…⅓大匙
起司粉…多於 3 大匙（20g）
巴西利碎末…適量

1 洋蔥切成 1cm 厚的片狀。

2 把 1 大匙奶油溶於平底鍋，把洋蔥排入鍋裡，撒上鹽，用較大的中火，分別把兩面煎 2 分鐘，直到呈現焦黃色。

3 加入材料 A，用大火烹煮，讓鍋底的鍋巴脫落。蓋上鍋蓋，用較小的中火烹煮 7～8 分鐘，加上材料 B。

4 用切成一半的蒜頭，切口朝下，把蒜汁塗抹在法式長棍麵包上，塗上 1 小匙奶油，用烤箱把麵包烤得酥脆。

5 把步驟 3 的湯裝在容器裡，再鋪上步驟 4 的麵包，撒上大量的起司和巴西利。

西洋菜和芹菜的沙拉湯

1碗 179 kcal

蔬菜快煮後,香氣更佳、色澤更鮮豔。
全新感覺的鮮嫩沙拉湯。

Memo
以西洋菜、芹菜等香氣絕佳的蔬菜為主體。此外,也可以利用個人喜歡的萵苣、生菜,或小番茄等沙拉用的蔬菜入菜。

1鍋(2碗)的蔬菜攝取量 西洋菜 2把 ＋ 芹菜 1小支 ＋ 洋蔥 ½顆 ＋ 豌豆 3大匙 ＝ **360g**

材料(2碗)

西洋菜…2把(60g)
芹菜(帶葉)
　…1小根(150g)
洋蔥…½顆(100g)
豌豆…3大匙(50g)
培根…2片

A｜水…2杯
　｜酒…1大匙
　｜法式清湯粉…½小匙
鹽…少於1小匙
胡椒…適量
橄欖油…2小匙

1　西洋菜切成1cm長。芹菜斜切成片,芹菜葉切成段。洋蔥切片。培根切成1cm寬。

2　用鍋子加熱橄欖油,拌炒洋蔥、芹菜,洋蔥和芹菜變軟後,加入豌豆和培根快速拌炒。

3　加入材料A,用中火烹煮,加入西洋菜快速烹煮,用鹽、胡椒調味。

日式風味

用日式高湯（參考p.6）作為湯底的湯，
誘出清淡素材的絕佳香氣和鮮味。
以大豆為原料的醬油和味噌相當對味！
是調味的最佳夥伴。

雜燴湯

1碗
233
kcal

細心熬煮的高湯是美味的祕訣。
利用根莖蔬菜的營養湯汁溫暖身體。

1鍋（2碗）
的蔬菜攝取量　牛蒡 ⅔根 ＋ 蓮藕 ½ 小節 ＋ 胡蘿蔔 ½ 根 ＋ 四季豆 6 根 ＋ 蔥 ¼ 根 = 370g

材料（2 碗）

牛蒡…⅔根（120g）
蓮藕…½ 小節（120g）
芋頭…2 顆（100g）
胡蘿蔔…½ 根（75g）
香菇…2 朵
四季豆…6 根（30g）
蔥…¼ 根（25g）
木綿豆腐…½ 塊（150g）
A│ 高湯…3 杯
　│ 酒…1 大匙
鹽…⅓ ～ ½ 小匙
醬油…2 小匙
芝麻油…2 小匙
七味唐辛子…適量

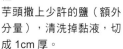

1 預先處理

用菜刀的刀背削除牛蒡的皮，斜切成 1cm 厚的片狀，蓮藕切成 7mm 厚的銀杏切，一起浸泡在水裡。
芋頭撒上少許的鹽（額外分量），清洗掉黏液，切成 1cm 厚。
蒜頭切成 7mm 厚的銀杏切。香菇切除蒂頭，切成 4 等分。四季豆切成 2cm 長。蔥切成 1cm 長。豆腐用廚房紙巾包裹，把水分稍微瀝乾。

2 炒蔬菜

用鍋子加熱芝麻油，快速拌炒牛蒡、蓮藕、芋頭、蒜頭、香菇及蔥。

3 加入豆腐

用手捏碎豆腐，一邊加入鍋裡。

4 烹煮

加入材料 A，用中火烹煮 5 分鐘，加入四季豆，進一步快煮 3 分鐘。蔬菜煮熟後，用鹽、胡椒調味。起鍋，撒上七味唐辛子。

櫛瓜和雞胸肉的蛋花湯

（1碗 284 kcal）

鬆軟蛋花湯中的櫛瓜是個絕品。
加入白飯所製成的雜炊更是一級棒。

1鍋（2碗）的蔬菜攝取量  櫛瓜 1 小根 ＋ 綠蘆筍 4 根 ＋ 玉米粒 100g ＝ 370g

材料（2碗）

櫛瓜…1 小根（150g）	A｜水…2.5 杯
綠蘆筍…4 根（120g）	｜酒…2 大匙
玉米粒…100g	｜醬油…1 小匙
雞胸肉…½ 片（125g）	｜鹽…½ 小匙
鹽、胡椒…各適量	薑末…1 瓣
太白粉…適量	
雞蛋…2 顆	

1 櫛瓜切成 7mm 左右的條狀。綠蘆筍切掉堅硬的根部，斜切成 5mm 厚。

2 雞肉斜切成薄片，撒上鹽、胡椒，撒上些許太白粉。雞蛋打成蛋液備用。

3 用鍋子把材料 A 煮沸，加入薑、步驟 1 的食材、培根，用中火烹煮 3 分鐘。

4 加入雞肉，當湯呈現些許稠狀之後，淋上蛋液，馬上關火。起鍋，鋪上薑末。

茄子和蘿蔔的
日式豬肉湯

1碗 320 kcal

吸了湯汁的厚切茄子濃郁多汁！
豬五花和香菇的絕妙搭配，鮮味十足。

1鍋（2碗）的蔬菜攝取量 茄子 3 條 ＋ 蘿蔔 4cm ＋ 韭菜 ½ 把 ＝ 410g

Point
茄子是與油最為速配的蔬菜。只要先用油把兩面煎成焦黃，就會更香，同時產生軟嫩口感。

材料（2 碗）

茄子…3 條（240g）
蘿蔔…4cm（120g）
韭菜…½ 把（50g）
香菇…2 朵
豬五花肉片…100g
薑絲…1 瓣

A｜高湯…2 杯
　｜酒…2 大匙
　｜味醂…1 大匙
　｜醬油…1.5 大匙
鹽、胡椒…各適量
橄欖油…1 大匙

1 茄子去皮，切成 2cm 厚的片狀，泡水後，把水瀝乾。蘿蔔用刨刀削成 4cm 長的薄片。韭菜切成小口切。香菇切除根蒂，切成 4 等分。豬肉切成 2cm 寬。

2 用鍋子加熱橄欖油，用小火炒薑絲，產生香氣後，改用中火，加入擦乾水分的茄子。兩面分別煎一分半鐘，直到茄子變得軟爛。

3 加入豬肉、香菇快速拌炒。撒上些許鹽、胡椒。放入材料 A，用中火烹煮 5 分鐘。

4 加入蘿蔔、韭菜快速烹煮後，用 ⅓ 小匙的鹽調味。起鍋後，再依個人喜好，撒上粗粒黑胡椒。

烤高麗菜和豆腐的薯蕷湯

（1碗 160 kcal）

香甜的高麗菜和溫和且令人懷念的薯蕷湯。
儼然就是身體渴求並令人上癮的組合。

1鍋（2碗）的蔬菜攝取量　高麗菜 ¼顆 + 鴨兒芹 1把 = 350g

材料（2碗）

高麗菜…¼顆（300g）
鴨兒芹…1把（50g）
薯蕷…100g
嫩豆腐…½塊（150g）
高湯…3杯

醬油…½大匙
鹽、胡椒…各適量
橄欖油…2小匙
梳形切的檸檬…2塊

Point

高麗菜只要切成大塊，就能極具存在感！煎得焦黃之後，不僅能讓香氣更佳，還能夠增添甘甜風味。

1　高麗菜切成2等分的梳形切。鴨兒芹切除根部。

2　用鍋子加熱橄欖油，用大火把高麗菜的兩面各煎一分半鐘，直到呈現焦黃色。

3　加入高湯，煮沸之後，用湯匙把豆腐撈入鍋裡，再用醬油、鹽、胡椒調味。

4　改用小火，一邊加入薯蕷泥，當薯蕷變得鬆軟後，關火。在鍋裡沒有食材的地方加入鴨兒芹，在食材變得軟爛後起鍋，搭配檸檬一起上桌。

蕪菁和鱈魚的
牛奶味噌奶油湯

1碗
211
kcal

正因為食材清淡，所以更適合濃郁的味道。
加上牛奶，讓湯頭更加醇厚。

Memo
可以使用馬鈴薯取代蕪
菁，這樣湯會呈現另一
種香甜且濃郁的口感。
也可以分成六～八等分
烹煮，最後再撒上巴西
利，增添濃郁與色澤。

 1鍋（2碗）的蔬菜攝取量　蕪菁4小顆　＋　蕪菁葉4小顆的分量　＋　蔥1根　＝ 620g

材料（2碗）

蕪菁…4小顆（360g）
蕪菁葉…4小顆的分量（160g）
蔥…1根（100g）
鱈魚…1塊
鹽…適量

高湯…2.5杯
牛奶…½杯
味噌…2大匙
奶油…2小匙

1 蕪菁去皮，縱切成對半。蕪菁葉切成3cm長。
　蔥斜切成片，捨棄綠色部分不用。

2 鱈魚切成4等分，撒上鹽巴，放置5分鐘，用
　廚房紙巾把釋出的水分擦乾。

3 用鍋子把高湯煮沸，加上蕪菁、蔥、鱈魚。用
　中火烹煮5分鐘，直到蕪菁煮熟。

4 改用小火，加入蕪菁葉、牛奶，溶入味噌。起
　鍋後，放上奶油。

27

中華風味

豬肉、雞肉、牛肉熬煮的高湯，還有雞骨高湯，
有效利用蔥、薑、蒜等香味蔬菜，
製作出正統的中華湯！
為您介紹品嚐到複雜鮮味的三道湯品。

小番茄酸辣湯

把小番茄丟進十分受歡迎的酸辣湯裡！
加上新鮮的酸味之後，餘味就會更加清爽。

1鍋（2碗）
的蔬菜攝取量 小番茄
20 顆 ＋ 甜椒
1 顆 ＋ 珠蔥
½ 把 ＝ 400g

材料（2 碗）

小番茄…20 顆（200g）
甜椒（紅）…1 顆（150g）
珠蔥…½ 把（50g）
豬五花肉片…100g
A｜薑末、蒜末…各 1 瓣
　｜豆瓣醬…½ 小匙
B｜水…3 杯
　｜雞骨高湯粉…1 小匙
醬油…½ 大匙
鹽…⅓ 小匙
醋…1 大匙
餛飩皮…8 片
芝麻油…1 小匙

Memo
如果沒有餛飩皮，也可以改用燒賣皮或餃子皮。因為每一種的原料都是小麥粉，所以只要加入湯裡，就可以產生些許黏稠感。

3 加入材料B、小番茄
肉的顏色改變後，加入材料 B、小番茄。

1 切材料、拌炒
小番茄切除蒂頭。甜椒縱切成 4 等分後，橫切成薄片。珠蔥切成 5cm 長。豬肉切成 5mm 寬。用鍋子加熱芝麻油，加入材料 A，用小火拌炒至產生香氣為止。

4 調味
用中火煮沸後，用醬油、鹽、醋調味。

2 加入甜椒、肉
加入甜椒、豬肉拌炒。

5 最後
改用小火，加入珠蔥，一邊丟入撕碎的餛飩皮。餛飩皮熟透，產生黏稠狀之後，起鍋。依個人喜好加上胡椒、醋。

蔥雞湯

（1碗）
212
kcal

雞翅和蔥是讓湯產生醇厚濃郁的最佳拍檔。
也可以加入中華麵，製作成鮮甜的拉麵！

Point
訣竅就是先把雞翅腿表
面煎成焦黃色，再加入
水烹煮。這樣一來，湯
就會產生濃郁，雞肉就
會變得軟嫩。

1鍋（2碗）
的蔬菜攝取量
 蔥
2 大根
＋ 玉米筍
8 根
＋ 榨菜
60g
＝ 420g

材料（2碗）

蔥…2 大根（280g）
玉米筍…8 根（80g）
榨菜（醃製）…60g
雞翅腿…4 支
鹽、胡椒…各適量

A｜水…3 杯
　｜鹽…¼ 小匙
　｜酒…1 大匙
　｜胡椒…適量
芝麻油…1 小匙

1　蔥斜切，捨棄綠色部分不用。玉米筍斜切成對
　　半。雞翅腿撒上鹽、胡椒醃漬。

2　用鍋子加熱芝麻油，放入雞翅腿香煎。等雞翅
　　整支呈現焦黃色之後，加入材料 A、榨菜、玉
　　米筍煮沸。

3　撈除浮渣，用中火烹煮 3～4 分鐘後，加入蔥，
　　進一步烹煮 3 分鐘。起鍋，再依個人喜好撒上
　　粗粒黑胡椒。

蘿蔔青菜牛肉湯

牛肉的鮮味和蘿蔔的甜味相當契合。
最後撒上的大量黑胡椒則是關鍵！

1鍋（2碗）
的蔬菜攝取量 蘿蔔 ⅛ 根 ＋ 青江菜 2 株 ＝ 450g

材料（2碗）

蘿蔔…⅛根（250g）
青江菜…2株（200g）
牛肉片…100g
A 水…3杯
　 酒…2大匙
　 雞骨高湯粉…½小匙
　 蔥的綠色部分…1根
　 薑片（帶皮）…2片
　 蒜頭（壓碎）…1瓣

醬油…2小匙
鹽…⅓小匙
粗粒黑胡椒…適量
沙拉油…1小匙

1 蘿蔔切成滾刀塊，排放入耐熱容器，把較厚
的廚房紙巾沾濕，並覆蓋在上方，包覆上保
鮮膜，用微波爐（600W）加熱 6～7 分鐘。
青江菜縱切成 4 等分。

2 用鍋子加熱沙拉油，放入蘿蔔、牛肉快炒，
加入材料 A。沸騰之後，撈除浮渣，用中火
燉煮 10 分鐘，用醬油、鹽調味。

3 先單獨撈起配菜，接著，把青江菜放進鍋裡
烹煮，之後再連同湯一起起鍋。撒上大量的
黑胡椒。

韓國＆民族風味

使用泡菜、苦椒醬和魚露等民族風調味料的湯，
有著挑逗食慾的辛辣和極具個性的香氣。
總是會讓人突然想要立刻吃這一碗！

牛蒡和分蔥的純豆腐

1碗
386
kcal

加了豆腐，充滿韓國風味的溫暖和辛辣。
泡菜和小丁香魚相當對味，製作出味道濃厚的湯。

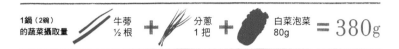

1鍋（2碗）
的蔬菜攝取量　牛蒡 ½根　+　分蔥 1把　+　白菜泡菜 80g　= **380g**

材料（2碗）
牛蒡…½根（100g）
分蔥…1把（200g）
白菜泡菜…80g
蒜末…½瓣
豬五花肉肉片…80g
花蛤（帶殼）…150g
嫩豆腐…½塊（150g）
小丁香魚…10尾
A　水…3杯
　　苦椒醬…1大匙
　　醬油…1小匙
　　一味唐辛子…適量
芝麻油…2小匙
一味唐辛子、白芝麻…各適量

3 拌炒
用鍋子加熱芝麻油，用小火拌炒小丁香魚、蒜頭，加入泡菜拌炒。加入牛蒡和豬肉，用中火快速拌炒，直到整體裹滿油。

1 預先處理
用刨刀把牛蒡削成薄片，泡水後瀝乾。分蔥和豬肉切成3cm長。花蛤浸泡在海水程度的鹽水（額外分量）裡吐沙，把外殼搓洗乾淨。

4 烹煮
加入材料A、花蛤烹煮。

2 小丁香魚的預先處理
小丁香魚的頭和內臟帶有苦味，用手加以清除。

5 最後
花蛤的外殼打開後，用湯匙撈取豆腐加入鍋裡，再加入分蔥煮沸（也可以依個人喜好加入蛋液）。起鍋後，撒上一味唐辛子和芝麻。

番茄泰式酸辣湯

（1碗 99 kcal）

羅勒和檸檬的香氣，加上清爽的味道。
魚貝類的精華和辛辣、酸味達到絕佳平衡。

Memo
也可以採用「泰式酸辣湯」的形式，在餐桌上一邊加熱，一邊涮生魚片品嚐。最後適合利用細麵收尾。

1鍋（2碗）的蔬菜攝取量 番茄 2 顆 ＋ 竹筍 1 小顆 ＝380g

材料（2碗）

番茄…2 顆（300g）
竹筍（水煮）…1 小顆（80g）
羅勒葉…2 ～ 3 片
蒜頭（壓碎）…1 瓣
薑片…2 片
檸檬…½ 顆
香菜…½ 株
鮮蝦…4 尾
花蛤（帶殼）…100g

A｜水…2 杯
　｜酒…2 大匙
　｜魚露…½ 大匙
　｜黑胡椒…適量
　｜鹽…¼ 小匙
　｜紅辣椒…2 根
　鹽、胡椒…各適量

1 番茄切成大塊。竹筍切成梳形切。檸檬撒上鹽巴，充分清洗，薄削 3 片檸檬皮，並擠出檸檬汁備用。香菜切成段。材料 A 的紅辣椒連同種籽一起折成對半。

2 鮮蝦剝殼，去掉沙腸，整體塗抹上適量的鹽、太白粉（額外分量），用水清洗乾淨。花蛤浸泡在海水程度的鹽水（額外分量）裡吐沙，把外殼搓洗乾淨。

3 把材料 A 和花蛤、蒜頭、薑、檸檬皮放進鍋裡烹煮，花蛤的外殼打開後，加入鮮蝦。加入 2 大匙檸檬汁、番茄、竹筍和羅勒，用中火烹煮 2 分鐘，直到番茄皮剝落。

4 用鹽、胡椒調味，如果濃郁程度不夠，就依個人喜好加上細砂糖（額外分量）。起鍋後，加上香菜。

豆芽菜和苦瓜的海帶芽湯

1碗
146
kcal

改變溫暖身體的美味韓國湯。
享受清脆的蔬菜口感。

1鍋（2碗）
的蔬菜攝取量

豆芽菜 ＋ 苦瓜 ＝ 450g
1包　　1條

材料（2碗）

豆芽菜…1包（250g）
苦瓜…1條（200g）
海帶芽（鹽漬）…40g
A｜水…2.5杯
　｜法式清湯粉…½小匙
　｜醬油…2小匙
　｜味醂…1小匙
鹽、胡椒…各適量
芝麻油…2小匙
白芝麻…2小匙

1 豆芽菜去除根鬚。苦瓜縱切成對半，去除種籽和瓜瓤，切成薄片。海帶芽把鹽沖洗掉，在水裡浸泡5分鐘，切成2cm長。

2 用鍋子加熱芝麻油，放入苦瓜快炒，加入材料A。煮沸後，加入豆芽菜，用中火烹煮3分鐘，用鹽、胡椒調味。加入海帶芽烹煮，起鍋後，撒上芝麻。

1鍋（2碗）
的蔬菜攝取量

 ＋ ＋ ＝ 350g

菠菜　　洋蔥　　紅椒
1小把　½顆　　1大顆

材料（2碗）

菠菜…1小把（200g）
洋蔥…½顆（100g）
紅椒…1大顆（50g）
魚丸（市售）…6顆
A｜豆瓣醬…⅓小匙
　｜咖哩粉…2小匙
　｜蒜頭片…1瓣
B｜水…1.5杯
　｜椰奶…½罐（200ml）
　｜雞骨高湯粉…1小匙
　｜魚露…2小匙～1大匙
鹽、胡椒…各適量
橄欖油…2小匙

1 菠菜充分清洗乾淨，在根部切出十字刀痕。在帶著水氣的狀態下用保鮮膜包覆，用微波爐（600W）加熱2分30秒～3分鐘。泡水，把水充分擰乾後，切成2cm長。洋蔥切片，紅椒切成7mm寬。

2 用鍋子加熱橄欖油，用小火拌炒材料A，產生香氣之後，加入洋蔥快速拌炒。

3 加入材料B、魚丸，用中火烹煮5分鐘，加入紅椒和菠菜煮沸。用鹽、胡椒調味。

菠菜椰奶咖哩鍋

1碗
403
kcal

溫和的咖哩口味，搭配大口的蔬菜。
務必搭配茉莉香米（泰國香米）一起品嚐！

雖然不是主菜，但卻營養滿點！
打成泥的維他命湯

料理／堤 人美　攝影／原 秀俊

1碗
466
kcal

像卜派那樣，咕嘟咕嘟喝下綠色蔬菜♪
菠菜蘆筍濃湯

材料（2碗）
菠菜…1把（300g）
綠蘆筍…4根（120g）
洋蔥…½顆（100g）
A｜水…1杯
　｜法式清湯粉…½小匙
牛奶…2杯
鮮奶油…½杯
鹽…½小匙
胡椒…適量
奶油…1大匙

1　菠菜用加了鹽的熱水汆燙（或用微波爐〈600W〉加熱4分鐘），泡水後，切成3cm長，把水充分擰乾。

2　綠蘆筍切掉根部，刮除堅硬部分的皮，斜切成片。洋蔥切片。

3　把奶油溶入鍋裡，放入洋蔥，用小火炒至軟爛。加入菠菜、蘆筍拌炒，加入材料A烹煮。

4　放涼之後，放進攪拌機攪拌至食材變得柔滑為止。加入牛奶和鮮奶油，用鹽、胡椒調味（不管是再次放回鍋裡加熱，或是放涼，都很美味）。

感動！蔬菜居然如此美味
番茄胡蘿蔔濃湯

材料（2碗）
番茄…2顆（300g）
胡蘿蔔…2根（300g）
洋蔥…½顆（100g）
A｜水…1.5杯
　｜法式清湯粉…½小匙
　｜月桂葉（可有可無）
　｜　…1片
牛奶…1.5杯
鮮奶油…¼杯
鹽…⅓小匙
胡椒…適量
奶油…2小匙

1　番茄切成滾刀塊。胡蘿蔔切成一口大小。洋蔥切片。

2　把奶油溶入鍋裡，放入洋蔥，用偏小的中火炒至軟爛。加入胡蘿蔔、番茄、A材料，蓋上鍋蓋，燉煮7～8分鐘。

3　放涼之後，去除月桂葉，放入攪拌機攪拌至食材變得柔滑為止。

4　加入牛奶和鮮奶油，用鹽、胡椒調味（不管是再次放回鍋裡加熱，或是放涼，都很美味）。裝盤後，滴入些許鮮奶油（額外分量）。

1碗
349
kcal

為您介紹，不加入蛋白質，
直接運用蔬菜本身美味的濃湯和冷湯。
用攪拌機（或是食物調理機）一口氣攪拌，
製作出滑嫩口感吧！

馬鈴薯瞬間轉變成醇厚的味道
豆漿青蒜冷湯

1碗
285
kcal

材料（2碗）
馬鈴薯…1 大顆（250g）
洋蔥…1 顆（200g）
蔥的白色部分…1 根（60g）
A 水…1.5 杯
　 法式清湯粉…1 小匙
豆漿（原味）…1.5 杯
鹽…½ 小匙
胡椒…適量
奶油…1.5 大匙
珠蔥蔥花、粗粒黑胡椒
　…各適量

1 馬鈴薯去皮，切成一口大小，泡水。洋蔥切片，蔥斜切成片。

2 把奶油溶入鍋裡，放入洋蔥、蔥，用偏小的中火烹煮 3 分鐘，直至軟爛為止。

3 馬鈴薯瀝乾後，加入鍋裡快炒，加入材料 A，蓋上鍋蓋，用小火烹煮 6～7 分鐘，直到馬鈴薯變得軟爛。

4 放涼之後，放進攪拌機攪拌至食材變得柔滑後，混入豆漿攪拌，再用鹽、胡椒調味，放進冰箱冷藏。裝盤後，裝飾上珠蔥，撒上胡椒。

鎖住夏季蔬菜的水嫩口感
西班牙凍湯

材料（2碗）
番茄（完熟）
　…3 顆（450g）
甜椒（紅）
　…½ 顆（75g）
洋蔥…¼ 顆（50g）
芹菜…¼ 根（45g）
黃瓜…1 根（100g）
蒜泥…少許
法式長棍麵包
　（2cm 厚）…1 片
A 橄欖油…3 大匙
　 鹽…1 小匙
　 白葡萄酒醋…1 小匙
　 蜂蜜…2 小匙

1 番茄、甜椒、洋蔥切成大塊。芹菜去除老筋，切成段狀。

2 黃瓜切成一半長度，½ 根切成裝飾用的 5mm 丁塊狀，剩下的切成大塊。

3 把步驟 1 的食材放進較大的碗裡，放進切成大塊的黃瓜、蒜頭、材料 A，把長棍麵包撕碎放入攪拌，在冰箱裡冷藏 2 個小時。

4 放入攪拌機，攪拌至柔滑程度，加入 4～5 大匙的冷水攪拌。倒入容器裡，裝飾上丁塊狀的黃瓜，再依個人喜好裝飾上芹菜葉。
★拌天使冷麵（細的義大利麵）也相當美味！

1碗
290
kcal

適合搭配湯品的**主食拍檔**

料理／堤 人美 攝影／原 秀俊

蒸鄉村麵包

日式湯品最適合搭配加鹽飯糰！加上芝麻的香氣，營養也非常足夠。
製作方法（小顆的飯團4顆）把少於2碗飯的熱騰騰白飯（240g），和1大匙白芝麻、½小匙的鹽加以混合，分成4等分，捏成三角飯糰。

芝麻加鹽飯糰

鄉村麵包通常都烘烤得相當酥脆，但是蒸煮過後則會有截然不同的口感。
製作方法 把鄉村麵包切成容易食用的大小，放進冒出蒸氣的蒸籠，蒸煮1～2分鐘，直到麵包變得鬆軟。

加入胡蘿蔔的甜味和奶油的濃郁，就連色澤也相當漂亮。也可以用巴西利取代胡蘿蔔。
製作方法（2人份）把½根的胡蘿蔔泥（擠乾水分）和1小匙奶油、適量的鹽、胡椒，混入2碗熱騰騰的白飯（300g）裡攪拌。

五穀飯拌橄欖油

胡蘿蔔飯

蒜香麵包

蒜頭&香草的香氣、酥脆的口感，充滿魅力。適合配湯，也很適合搭配紅酒！
製作方法 把長棍麵包切成容易食用的大小，把蒜頭的切口朝下，把蒜汁塗抹在麵包上，再塗抹上適量的橄欖油，並依喜好撒上個人喜歡的乾燥香草，再用烤箱烤得酥脆。

香氣和口感絕佳，營養價值也相當高。不論日式或西式，全都相當適合。
製作方法（2人份）把2碗加入五穀米烹煮的白飯（300g），和30g的點心用堅果、3大匙的巴西利末、½大匙的橄欖油、適量的鹽和胡椒一起混合攪拌。

玄米玉米片

沒有米飯或麵包的時候，玄米玉米片也能成為至寶。適合搭配牛奶風味的湯品。

Part 2

有時間，但想輕鬆製作的日子
「慢火燉煮 ♥ 1小時湯」

悠閒的假日，總希望讓自己喘口氣。
這時候就挑戰慢火燉煮的傳統湯品吧！
雖然很耗費時間，但卻一點都不麻煩，製作相當簡單！
放入材料之後，剩下的事就「交給鍋具」，熬煮出可比擬餐廳的出眾味道。
足以引以為傲的美味，讓你對自己的廚藝更有自信。

料理／堤　人美　攝影／原　秀俊

冬瓜蔘雞湯

1碗
751 kcal

韓國最具代表性的夏季精力湯。
確實熬煮的帶骨雞腿肉軟嫩多汁。

1鍋（2碗）
的蔬菜攝取量

冬瓜
¼ 顆

＋ 蔥
1 根 ＝ **380g**

何謂冬瓜？

瓜類的一種。綠色的外皮，白色的果肉有著鮮嫩、清爽口感。用來作為湯的配菜，能夠吸入湯的鮮味，享受入口即化的口感。

材料（2碗）

冬瓜…¼ 顆（280g）
帶骨雞腿肉…2 支
　（亦可採用水煮用的切塊雞肉）
蔥…1 根（100g）
乾香菇…4 朵
蒜頭…4 瓣
去殼甘栗…8 顆
白果（水煮）…16 顆
米…½ 米杯（90ml）
A｜水…4 杯
　｜酒…2 大匙
鹽…適量

1 冬瓜搓鹽

冬瓜去除種籽，切成 2cm 塊狀，去皮。去皮的部分抹上適量的鹽，放置 5 分鐘後，快速沖洗乾淨。

2 肉的醃漬

雞肉用手把 1 小匙的鹽搓揉於整體。

3 準備其他材料

蔥連同綠色的部分一起切成 5cm 長。香菇用水泡軟，切除根蒂。白米清洗乾淨，用濾網撈起。

4 烹煮

把雞肉、蔥、香菇、蒜頭、甘栗、白果放入鍋裡，加入材料 A，蓋上鍋蓋，開中火烹煮。沸騰之後，改用小火，燉煮 30 分鐘。

5 繼續烹煮

加入冬瓜和米，進一步烹煮 20 分鐘。偶爾翻動一下鍋底，避免白米沉底燒焦。起鍋後，依個人喜好，撒上鹽、粗粒黑胡椒，淋上芝麻油。

簡易羅宋湯

（1碗）
598 kcal

使用甜菜根罐，輕鬆重現俄羅斯風味！
深紅色的燉牛肉是最受歡迎的宴客料理。

1鍋（2碗）的蔬菜攝取量

 甜菜根罐 100g ＋ 胡蘿蔔 ½根 ＋ 高麗菜 4片 ＋ 洋蔥 ½顆 ＋ 芹菜 ⅓根 ＝ 575g

材料（2碗）

甜菜根罐（水煮）…100g（淨重）
胡蘿蔔…½根（75g）
高麗菜…4片（240g）
牛肉（咖哩、燉肉用）…300g
A｜鹽…1小匙
　｜胡椒…適量
小麥粉…適量
B｜洋蔥末…½顆（100g）
　｜芹菜末…⅓根（60g）
　｜蒜末…1瓣
番茄醬…2大匙
C｜水（混合甜菜根的罐頭湯汁）…2杯
　｜法式清湯粉…1小匙
　｜月桂葉…1片
砂糖…⅓小匙
鹽…少於1小匙
橄欖油…4小匙
酸奶油…適量

1 切蔬菜

甜根菜切成1cm的棒狀，湯汁留下備用。胡蘿蔔切成4等分。高麗菜切成略粗的條狀。

2 醃肉、煎煮

用材料A醃漬牛肉，抹上小麥粉。用鍋子加熱2小匙橄欖油，把兩面煎成焦黃色。

3 加入材料B

加上剩下的橄欖油，加上材料B拌炒，牛肉變軟後，加入番茄醬拌炒。

4 烹煮

加入材料C，加入甜菜根、胡蘿蔔、高麗菜，蓋上鍋蓋，用小火燉煮30分鐘。

5 最後

用砂糖、鹽調味。起鍋後，搭配酸奶油一起品嚐。

蕪菁鹹豬肉湯

1碗 344 kcal

豬肉塊醃漬一晚，讓豬肉熟成。
隔天只要拿出來煎煮，就能成為一道絕品。

1鍋（2碗）的蔬菜攝取量 　蕪菁 4顆 　＋　 西洋菜 2把 ＝ 540g

材料（2碗）

蕪菁…4顆（480g）
西洋菜…2把（60g）
鹹豬肉（參考作法1）…200g
A │ 水…2杯
　 │ 酒…¼ 杯
橄欖油…1小匙
胡椒…適量
奶油…1小匙

1 預先處理

鹹豬肉建議採用容易製作的分量（1塊豬肉塊）。把2小匙鹽塗抹在豬肩胛肉的肉塊上，用保鮮膜包裹，裝進塑膠袋內放置一晚。使用其中的200g，剩下的可以用來製作水煮豬肉或煎豬肉。
蕪菁留下2cm的根莖，切除蕪菁葉，縱切成對半。西洋菜切成段狀。

2 煎肉

200g的鹹豬肉切成1cm厚，用橄欖油加熱的鍋子，把兩面煎成焦黃色。

3 烹煮

加入材料A，用小火烹煮30分鐘。

4 進一步烹煮

加入蕪菁，進一步燉煮10分鐘。

5 最後

加入西洋菜快速煮熟後，加入胡椒、奶油。

白菜雞翅湯

1碗
255
kcal

製作出冬季的中華鍋"白菜鍋"。
雞翅和香菇的高湯滲入白菜！

 1鍋（2碗）
的蔬菜攝取量　白菜
4片 ＝ 400g

材料（2碗）

大白菜…4片（400g）
乾香菇…4朵
薑片（帶皮）…2片
二節翅…4支
A│鹽…½小匙
　│胡椒…適量
粉絲…40g
B│水（混合泡香菇的水）…4杯
　│酒…3大匙
醬油…1〜1.5小匙
砂糖…½小匙
胡椒…適量
芝麻油…1大匙

3 肉的預先處理

雞翅在背後的骨頭之間縱切出刀痕，抹上材料A。

4 烹煮

把白菜的菜梗、香菇、薑、雞翅放進鍋裡，加入材料B，鍋蓋稍微錯移蓋上，用小火烹煮30〜40分鐘。烹煮期間要撈除浮渣。

1 切白菜

白菜把菜葉和菜梗分開，菜葉切成段，菜梗切成5cm長後，縱切成5mm寬。

2 香菇泡軟

香菇用水泡軟。因為香菇容易浮在水面，所以要把盤子放在上面。香菇變軟之後，去除根蒂，泡香菇的湯汁留著備用。

5 最後

加入粉絲、白菜的菜葉，蓋上鍋蓋，再次烹煮5分鐘，用醬油、砂糖、胡椒調味。最後，淋上芝麻油。

白色蔬菜
卡芒貝爾乳酪湯

1碗
356
kcal

醇厚的溫和味道和色調，療癒人心。
適合一邊喝著紅酒，一邊談天說地的夜晚。

| 1鍋（2碗）
的蔬菜攝取量 | 花椰菜
1 小株 | ＋ | 蕪菁
2 顆 | ＋ | 洋蔥
½ 顆 | ＝ 640g |

材料（2 碗）

花椰菜…1 小株（300g）
馬鈴薯…1 顆（150g）
蕪菁…2 顆（240g）
洋蔥…½ 顆（100g）
A｜水…1 杯
　｜法式清湯粉…½ 小匙
牛奶…1.5 杯
卡芒貝爾乳酪…½ 個（50g）
鹽…½ 小匙
奶油…2 小匙

3 烹煮
加入材料 A，蓋上鍋蓋，用小火悶煮 10 分鐘。蔬菜全都熟透之後，用叉子或搗碎器等壓碎。

1 切蔬菜
花椰菜切成 4 等分。馬鈴薯、蕪菁、洋蔥切片。

4 進一步烹煮
加入牛奶和花椰菜，蓋上鍋蓋，用小火進一步烹煮 15 ～ 20 分鐘。

2 拌炒
把奶油溶入鍋裡，放入馬鈴薯、蕪菁、洋蔥，用小火拌炒 2 分鐘，直到食材軟爛。

5 最後
花椰菜全都熟透之後，用鹽調味，撕開乾酪加入鍋裡，待乾酪稍微融化後，關火。

洋蔥燉湯

整顆悶煮的洋蔥甜味形成味覺的高潮！
正因為作為主角，才會有如此奢侈的美味。

1鍋（2碗）
的蔬菜攝取量　　洋蔥
　　　　　　　　4顆　= 800g

1碗
318
kcal

材料（2碗）

洋蔥…4顆（800g）
培根…4片
A｜ 水…2.5杯
　｜ 法式清湯粉…1小匙
　｜ 酒…1大匙
　｜ 醬油…1小匙
　｜ 胡椒、鹽…各適量
　｜ 月桂葉…1片

1 洋蔥的預先處理

洋蔥切入至一半的深度，
切出十字形的切痕，擺放
在鍋裡。

2 烹煮

鋪上培根，加入材料A，
蓋上鍋蓋，開大火烹煮。
沸騰之後，改用小火，悶
煮30～40分鐘。

番茄燉湯

只要花時間烹煮，味道就會瞬間改變。
彷彿番茄乾般的濃厚味道，令人著迷 ♥

1鍋（2碗）
的蔬菜攝取量　番茄 4 顆 ＋ 洋蔥 ¼ 顆 ＝ 850g

材料（2 碗）

番茄（完熟）
　…4 大顆（800g）
洋蔥…¼ 顆（50g）
百里香…1 根
A｜水…1 杯
　｜橄欖油…1 大匙
　｜法式清湯粉…½ 小匙
鹽…少於 1 小匙
胡椒…適量

1碗
143
kcal

1 番茄的預先處理

番茄去掉蒂頭，切出淺淺
的十字刀痕，擺放在鍋
裡。

2 烹煮

洋蔥切片後，加入步驟 1
的鍋裡，鋪上百里香。加
入材料 A，蓋上鍋蓋，用
小火烹煮 40 分鐘。最後
用鹽、胡椒調味。

根莖蔬菜和旗魚的火上鍋

1碗
279
kcal

不管再多都吃得下的清爽美味！
煎煮根莖蔬菜的香氣，孕生出深厚的味道。

| 1鍋（2碗）的蔬菜攝取量 | 蘿蔔 4cm | + | 牛蒡 ¼ 根 | + | 蓮藕 ⅓ 節 | + | 水菜 ½ 把 | = 370g |

材料（2碗）

蘿蔔…4cm（120g）
牛蒡…¼ 根（50g）
蓮藕…⅓ 節（100g）
水菜…½ 把（100g）
旗魚…2塊
海帶結…6條
A｜高湯…2.5杯
　｜酒…2大匙
　｜味醂…1大匙
　｜醬油…2小匙
　｜鹽…⅓ 小匙
沙拉油…2小匙
酢橘（或檸檬）…適量

1 預先處理

蘿蔔切成2cm厚的半月切。牛蒡把皮削掉後，切成3cm長。蓮藕切成1cm厚的半月切，一起泡水後，瀝乾。水菜切成長度的一半。旗魚切成1cm寬。

2 加熱根莖蔬菜

把蘿蔔、牛蒡、蓮藕放進耐熱容器，把較厚的廚房紙巾沾濕，覆蓋在上面，蓋上保鮮膜，用微波爐（600W）加熱6分鐘。

3 煎煮根莖蔬菜

用鍋子加熱沙拉油，放入步驟2的食材，用略強的中火煎煮。單面煎煮3分鐘後，翻面繼續煎煮3分鐘。

4 烹煮

加入材料A和昆布煮沸，加入旗魚後，用中火燉煮6分鐘。最後加入水菜，快速烹煮。起鍋後，擠入酢橘，即可上桌。

給身體均衡營養！
人氣蔬菜的營養檢查

盡可能多吃一些種類，能均衡攝取身體所需營養，
是最理想的蔬菜營養攝取方式。
這裡將嚴選煮湯時適合入菜的人氣蔬菜，
並介紹其中的營養成分與效能。

洋蔥
辛辣成分阿離胺酸使血液清澈
洋蔥的辛辣成分阿離胺酸可以讓血液變
得清澈，可預防動脈硬化或高血壓等疾
病。另外，可以讓維他命 B₁ 的吸收更
佳，幫助恢復疲勞！

番茄
番茄紅素的超強抗氧化作用引人注目！
番茄紅素具有抑制有害活性氧的作用，
在預防文明病和老化的效果上，具有很
高的能力。紅色的色澤越是鮮豔，就代
表番茄紅素的含量越高。

南瓜
雖是綠黃色蔬菜，營養價值卻遙遙領先
尤其含有許多被視為「抗老化維他命」
的維他命 E。因為可促進血液循環，所
以可預防虛寒。除外，還含有 β 胡蘿蔔
素、維他命 B₁ & B₂、維他命 C 等提高
代謝與免疫力的營養素。

綠花椰
含有 3 種抗氧化維他命 A、C、E
可有效攝取維他命 A（β 胡蘿蔔素）、
C、E 等，擊敗活性氧的抗氧化維他命。
尤其含有豐富的維他命 C，就算加熱，
營養素也不會遭到破壞。

花椰菜
雖然是白色，但卻是營養價值極高的蔬菜
如果因為白色就認為它沒有營養，那可就
大錯特錯了。雖然整體的營養價值比不上
綠花椰，但是仍舊含有豐富的維他命 C、
降低血壓的鉀、鈣、食物纖維等營養素。

高麗菜
維他命 U 有益虛弱的腸胃
高麗菜所含的維他命 U（抗潰瘍因
子），具有治療胃炎和潰瘍的效果。同
時也含有維他命 C、鉀和鈣等礦物質。

菠菜
出類拔萃的營養價值！也能預防貧血
除了豐富的鐵質之外，同時也可攝取到
有助於鐵質吸收的維他命 C，所以最適
合預防貧血。是富含 β 胡蘿蔔素、維他
命 C、葉酸等營養素的蔬菜。

櫛瓜
含有適量的維他命、礦物質
雖然沒有什麼突出的營養素，但仍有適
量的營養素，有具抗氧化作用的 β 胡蘿
蔔素、維他命 C、鉀、葉酸等。只要用
油進行調理，就可以提升 β 胡蘿蔔素的
吸收率。

甜椒
維他命是青椒的數倍！
β 胡蘿蔔素和維他命 C 是青椒的 2 倍，
維他命 E 則約是 5 倍。是含有豐富維
他命的蔬菜。有利於美膚、預防感冒、
提升免疫力。

白菜
豐富的鉀預防高血壓
含有維他命 C 和各種礦物質。尤其所
富含的鉀更有利尿作用及排出鹽分的作
用，所以在預防高血壓等文明病上也相
當值得期待。

蘿蔔
大量幫助消化的消化酵素
含有許多幫助腸胃蠕動的澱粉酵素等消
化酵素，所以消化不良的時候很適合攝
取。葉子的部分是含有 β 胡蘿蔔素和
鈣、維他命 C 的綠黃色蔬菜，所以請
務必加以活用。

蔥
促進血液循環，溫暖身體
含有許多讓血液變得清澈的辛辣成分阿
離胺酸，所以可以促進血液循環、預防感
冒。屬於綠黃色蔬菜的珠蔥，含有 β 胡
蘿蔔素、鈣，和促進血液作用的豐富葉
酸。

Part 3

傳統湯品只要
「稍加變化」，
就能百吃不膩！

為您介紹四道加了各種豐富蔬菜，
分量十足的傳統湯品。
因為是4碗分量的食譜，所以吃完之後，
剩下的部分可以善用個人創意，
製作成雜炊、麵湯、大醬湯或是奶汁烤菜！
只要利用週末預先製作、冷藏或冷凍保存，
就可以在忙碌的平日助自己一臂之力。

料理／堤　人美　攝影／原　秀俊

傳統湯品 1
義大利雜菜湯

1碗
203
kcal

鮮豔蔬菜可均衡攝取到各種營養的番茄風味湯。
蔬菜切成丁塊狀之後，不僅容易食用，更容易靈活運用！

冷藏 ➡ 3天
冷凍 ➡ 2星期
建議以1～2碗的分量（容易使用的分量）進行分裝。放入密封容器或是密封袋，放涼後，就可以放進冰箱冷藏或冷凍。

1鍋（4碗）
的蔬菜攝取量

甜椒　　櫛瓜　　胡蘿蔔　　洋蔥　　高麗菜　　玉米粒　　番茄罐
1顆　　1小條　　⅔根　　1顆　　4片　　60g　　1罐 ＝ 1300g

材料（4碗）

甜椒（黃）…1顆（150g）
櫛瓜…1小條（150g）
胡蘿蔔…⅔根（100g）
洋蔥…1顆（200g）
高麗菜…4片（240g）
玉米粒…60g
蒜頭…1瓣
培根…4片
番茄罐…1罐（400g）
A｜水…3杯
　｜法式清湯粉…1小匙
鹽、胡椒…各適量
醬油…1小匙
橄欖油…1大匙

3 加入番茄

待整體裹滿油，蔬菜變得軟爛之後，撒入少許的鹽、胡椒，用剪刀把番茄剪成大塊加入。

1 預先處理

甜椒、櫛瓜、胡蘿蔔、洋蔥切成1cm丁塊狀。高麗菜切成2cm塊狀。蒜頭壓碎。培根切成1cm寬。

2 拌炒

用鍋子加熱橄欖油，用小火拌炒蒜頭，產生香氣後，加入培根、步驟1的蔬菜和玉米粒，混合拌炒。蔬菜分量較多的時候，只要先蓋上鍋蓋稍微悶煮一下，就可以減少蔬菜的分量。

4 烹煮

加入材料A烹煮，一邊撈除浮渣，一邊用小火燉煮15分鐘。用1.5小匙的鹽、胡椒、醬油調味。起鍋後，也可以依個人喜好淋入橄欖油，撒上起司粉。

1碗
588
kcal

+義大利麵

直接把義大利麵放進湯裡
烹煮即可！

義大利湯麵

材料（1碗）

A｜義大利雜菜湯…1碗（¼的量，約2杯）
　｜水…½杯
個人喜歡的短麵（螺旋麵等）…100g
醬油…½小匙
起司粉…適量

1 把材料A放進鍋裡烹煮，沸騰後，加入短
　麵，蓋上鍋蓋，依照包裝的標示時間，用
　小火烹煮。
2 用醬油調味，裝盤後，撒上起司粉。

+米

大家都喜歡的清爽番茄風味

番茄抓飯

材料（2～3人份）
義大利雜菜湯…1碗（¼的量，約2杯）
米…2米杯（360ml）
番茄醬…1大匙
鹽…⅓～½小匙

1 把義大利雜菜湯的湯和配菜分開。
2 把米洗乾淨後，用濾網撈起，放進電鍋。
　加入步驟1的湯、番茄醬，水量如果未達
　到刻度標準，就加水補足水量。鋪上配菜，
　依照一般的方式煮飯，煮好之後，把整體
　混合攪拌，用鹽調味。裝盤後，也可以依
　照個人喜好，撒上巴西利。

1碗
430
kcal

1碗
634
kcal

改變沖繩餐點的形象

塔可飯

材料（2 碗）
義大利雜菜湯⋯1 碗（¼ 的量，約 2 杯）
牛豬混合絞肉⋯200g
白飯⋯2 碗（300g）
略粗的萵苣條⋯2 片
1cm 的番茄丁⋯½ 顆
披薩用起司⋯適量
辣醬油⋯2 小匙
鹽、胡椒⋯各適量
A｜太白粉⋯½ 小匙
　｜水⋯1 小匙
橄欖油⋯1 小匙

1 用平底鍋加熱橄欖油，用中火拌炒絞肉，
　撒上鹽、胡椒。
2 絞肉大致熟透之後，加入義大利雜菜湯。
　用大火烹煮 3 ～ 4 分鐘，加入辣醬油、鹽、
　胡椒攪拌，用材料 A 混合而成的太白粉水
　勾芡。
3 把白飯裝盤，鋪上萵苣，淋上步驟 2 的食
　材，撒上番茄和起司。

利用庫存的馬鈴薯增加分量！

西式馬鈴薯燉肉

材料（2 ～ 3 人份）
馬鈴薯⋯3 顆（450g）
A｜義大利雜菜湯⋯1 碗（¼ 的量，約 2 杯）
　｜水⋯½ 杯
　｜酒⋯2 大匙
　｜砂糖、味醂⋯各 1 大匙
　｜醬油⋯1.5 ～ 2 大匙
沙拉油⋯2 小匙

1 馬鈴薯切成一半，泡水後，把水瀝乾。
2 用鍋子加熱沙拉油，快速拌炒馬鈴薯，加
　入材料A，蓋上鍋蓋，用中火燉煮 15 分鐘。

1碗
232
kcal

傳統湯品 2
豬肉湯

1碗
291
kcal

只要加入數種根莖蔬菜，就能產生甜味，
享受各種不同的口感。
適合搭配白飯、麵食及雞蛋，還能輕鬆化身成日式料理！

1鍋（4碗）
的蔬菜攝取量　蘿蔔 ⅙ 根　＋　胡蘿蔔 1 大根　＋　蔥（白色部分）2 根　＋　牛蒡 1 根　＝ 700g

材料（4 碗）

蘿蔔…⅙ 根（200g）
胡蘿蔔…1 大根（200g）
蔥的白色部分…2 根（120g）
芋頭…2 顆（100g）
牛蒡…1 根（180g）
豬碎肉…200g
日式豆皮…1 片
蒟蒻…¼ 片
高湯…5 杯
味噌…3 大匙
沙拉油…2 小匙

2 拌炒
用鍋子加熱沙拉油，用中火快炒豬肉，豬肉變色之後，加入蔬菜、日式豆皮、蒟蒻拌炒。

1 預先處理
蘿蔔、胡蘿蔔切成 5mm 厚的銀杏切。蔥斜切 1cm 厚的片狀。芋頭撒上適量的鹽（額外分量）搓揉，沖洗掉黏液，切成 7mm 厚的半月切。牛蒡斜切成 5mm 厚的片狀，泡水後，瀝乾。豬肉如果太大塊，就切成容易食用的大小。日式豆皮用熱水汆燙去油，縱切成對半後，切成 5mm 寬。蒟蒻撒上適量的鹽（額外分量）搓揉，切成 5mm 厚之後，切成 2cm 丁塊狀。

3 烹煮
整體裹滿油之後，加入高湯。煮沸後，撈除浮渣，用中火烹煮 7～8 分鐘，直到蔬菜熟透。

4 溶入味噌
把火關小，溶入味噌，起鍋後，依個人喜好，撒上七味唐辛子。

1碗
453
kcal

+米 ▶

簡單輕鬆！什錦雜炊風味
蒸飯

材料（2～3人份）
豬肉湯…1碗（¼的量，約2杯）
米…2米杯（360ml）
鹽…½小匙

1 豬肉湯把配菜和湯分開。

2 把米洗乾淨後，用濾網撈起，放進電鍋。加入步驟1的湯汁，水量如果未達到刻度標準，就加水補足水量。鋪上步驟1的配菜，依照一般的方式煮飯，煮好之後，把整體混合攪拌，用鹽調味。

+雞蛋 ▶

靠湯汁鮮味調味最完美
蛋花湯

材料（2碗）
豬肉湯…1碗（¼的量，約2杯）
雞蛋…3顆
鴨兒芹…4株

1 雞蛋打成蛋汁備用。鴨兒芹切成3cm長。

2 豬肉湯放進較小的平底鍋烹煮，沸騰之後，淋入一半分量的蛋液。雞蛋呈現半熟狀態後，再淋入剩下的蛋液，加入鴨兒芹，關火，蓋上鍋蓋，燜上2分鐘。

1碗
259
kcal

1碗
743
kcal

用較多的油煎得香酥！

韓國煎餅

材料（2片）

豬肉湯…1碗（¼的量，約2杯）

A｜小麥粉…150g
　｜太白粉…90g

珠蔥…½把（50g）

沙拉油…適量

芝麻油…1小匙

1　把材料A放進較大的碗裡攪拌，加入豬肉湯混合。珠蔥把長度切成3等分。

2　用平底鍋加熱1大匙沙拉油，把火關小，把一半分量的麵皮攤平在鍋底，用手平鋪上一半分量的珠蔥。

3　一邊用鍋鏟按壓，一邊用較弱的中火慢煎，在中途從周圍淋入適量的沙拉油，一邊晃動平底鍋，一邊上下翻動。進一步加入適量的沙拉油，把兩面煎成焦黃。最後，從鍋邊淋入½小匙的芝麻油。另一片也以相同的方式煎煮。

只要讓味道更濃，
就能成為沾醬！

配菜豐富的蕎麥麵

材料（2碗）

豬肉湯…1碗（¼的量，約2杯）

涼麵沾醬（3倍濃縮）…1大匙

蕎麥麵（乾麵）…160g

1　依包裝標示時間，用熱水烹煮蕎麥麵，用濾網撈起，用冷水沖洗後，裝盤。

2　把豬肉湯、涼麵沾醬放入鍋裡加熱，用其他的容器盛裝，再依個人喜好附上柚子胡椒。沾著湯汁品嚐蕎麥麵。

1碗
430
kcal

傳統湯品 3
火上鍋

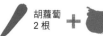
1碗
294
kcal

可享受肉的鮮味和蔬菜甘甜的基本西式湯品。
只要加上辛香料，即可享受瞬間轉換形象的樂趣！

冷藏 ➡ 3天
冷凍 ➡ 2星期
冷凍保存時，去除馬鈴薯，用密封容器或密封袋進行分裝。雞翅腿切開、蔬菜切成小塊後，再進行冷凍會比較便利。

1鍋（4碗）的蔬菜攝取量　胡蘿蔔 2根 ＋ 洋蔥 2顆 ＋ 高麗菜 ¼顆 ＝ 1000g

材料（4碗）

馬鈴薯…4顆（600g）
胡蘿蔔…2根（300g）
洋蔥…2顆（400g）
高麗菜…¼顆（300g）
雞翅腿…8支
鹽、胡椒…各適量

A｜水…5杯
　｜酒…¼杯
　｜月桂葉…1片
橄欖油…1大匙
芥末粒…適量

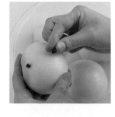

1 切蔬菜
馬鈴薯泡水，把水瀝乾。胡蘿蔔斜切成一半。洋蔥縱切成一半，如果有，也可以刺入2～3個丁香。高麗菜切成2等分梳形切。

2 煎肉
雞翅腿撒上少許的鹽、胡椒，用加熱橄欖油的平底鍋，把整支雞翅腿煎得焦黃。

3 烹煮
把雞翅腿、胡蘿蔔、洋蔥、材料A放進鍋裡，開中火烹煮。沸騰後，撈除浮渣，蓋上鍋蓋，改用小火燉煮20分鐘。

4 進一步烹煮
加入高麗菜、馬鈴薯，進一步燉煮15分鐘，用多於1小匙的鹽、少許的胡椒調味。附上芥末粒。

1碗 282 kcal

＋泡菜

營養滿點的韓國大醬湯
徹底變身！

大醬湯

材料（2 碗）

火上鍋…1 碗（¼ 的量，約 2 杯）
白菜泡菜…80g
納豆…1 包
嫩豆腐…¼ 塊
韭菜…6 根
醬油…1 小匙
芝麻油…2 小匙

1　火上鍋的雞翅腿，把肉從骨頭上撕下，剩下的配菜切成 2cm 丁塊狀。豆腐切成 3～4 等分。韭菜切成小口切。

2　用鍋子加熱芝麻油，加入泡菜和納豆，用大火拌炒，加入火上鍋，用中火煮沸。加入豆腐，並加入醬油、韭菜，快速煮沸。起鍋後，依個人喜好，撒上白芝麻。

＋咖哩粉

辛香料調理出些許時尚的味道

咖哩湯

材料（2 碗）

火上鍋…1 碗（¼ 的量，約 2 杯）
咖哩粉…1 大匙
番茄…2 顆
醬油…1 小匙
沙拉油…1 小匙

1　除了火上鍋的雞翅腿之外，其他的配菜全切成一半。

2　用鍋子加熱沙拉油，放進咖哩粉，用小火拌炒，加入火上鍋。改用中火，沸騰之後，加入番茄，烹煮至番茄皮剝落後，用醬油調味。

1碗 208 kcal

65

傳統湯品 4
蛤蜊巧達濃湯

1碗
567
kcal

冷藏 ➡ 3天
冷凍 ➡ 2星期

冷凍保存時，去除花蛤，用密封容器或密封袋進行分裝。

因為加了大量的南瓜，所以產生溫和的甘甜♪
也可以利用濃厚的牛奶味，變化成義大利麵或焗烤、燉飯。

1鍋（4碗）的蔬菜攝取量 南瓜 200g ＋ 胡蘿蔔 1 根 ＋ 洋蔥 1 顆 ＋ 豌豆 100g ＋ 玉米粒 100g ＝ 750g

材料（4碗）

南瓜…200g
胡蘿蔔…1 根（150g）
洋蔥…1 顆（200g）
豌豆、玉米粒…各 100g
蘑菇…6 朵
花蛤（帶殼）…300g
培根…4 片

A｜水…½ 杯
　｜法式清湯粉…⅓ 小匙
　｜牛奶…5 杯
奶油…4 大匙
小麥粉…4 大匙
鹽…1 小匙
胡椒…適量
鮮奶油…¼ 杯

1 預先處理

南瓜、胡蘿蔔、洋蔥切成2cm 丁塊狀。蘑菇縱切成對半。花蛤浸泡在鹽水（額外分量）裡吐沙，把外殼搓洗乾淨。培根切成 1cm 寬。

2 拌炒

把奶油溶入鍋裡，加入胡蘿蔔、洋蔥、豌豆、玉米、蘑菇、培根，仔細拌炒，用濾網篩入小麥粉，充分拌炒均勻。

3 烹煮

慢慢加入材料 A，充分攪拌，用中火烹煮 5 分鐘。

4 最後

胡蘿蔔變得軟爛後，加入南瓜和花蛤烹煮 3 分鐘。花蛤的外殼打開、南瓜變軟之後，加入鹽、胡椒、鮮奶油攪拌。

Arrange ▶ 蛤蜊巧達濃湯的創意變化！

1碗
804
kcal

充滿香氣、口感絕佳，
具有飽足感！

焗烤

材料（1碗）

蛤蜊巧達濃湯…1碗（¼的量，約2杯）
通心粉…50g
奶油、披薩用起司、麵包粉…各適量

1 通心粉依照包裝所標示的時間，用加了適
　量的鹽（額外分量）的熱水烹煮。和蛤蜊
　巧達濃湯混合攪拌。

2 在耐熱容器塗上一層薄薄的奶油，倒入步
　驟1的食材，撒上起司，並且在各個部位
　鋪滿奶油，撒上麵包粉。用烤箱烘烤8～
　10分鐘，直到表面呈現焦色。

＋白飯

嫩薑風味的爽口味道

中華粥

材料（1碗）

A｜蛤蜊巧達濃湯…1碗（¼的量，約2杯）
　｜水…¼杯
　｜薑絲…1瓣
白飯…1碗（150g）
芝麻油…1小匙

1 把材料A放進鍋裡烹煮，沸騰之後，加入
　白飯加熱。

2 完成後，淋上芝麻油。起鍋後，依個人喜
　好，撒上粗粒黑胡椒。

1碗
878
kcal

加在蔬菜裡增添鮮味！
成為湯頭重點的食材

蔬菜湯要加上一些蛋白質，就能更添鮮味。
只要以罐頭或加工品為主要食材，可以更快速熟透，使用非常方便，
一躍成為湯頭的重點。

培根
容易增添濃郁，同時容易使用！
因為是由脂肪較多的豬五花肉鹽醃
燻製而成，所以使用少量，就可以
增添鹹度與濃郁，使用相當便利。
切成 1cm 寬，更容易產生鮮味，如
果切成大塊，立刻成為湯頭重點。

花蛤
濃厚的精華形成絕佳的調味料！
含有丁二酸、肝醣和牛磺酸等豐富
的鮮味成分，是讓湯變得更加美味
的優異食材。烹調重點就是不可以
忘記吐沙，還有外殼打開後，不可
以烹煮太久。

香腸
若烹煮太久，
味道就會變淡，要多加注意。
用羊腸填塞（或是粗度未滿 2cm）
的維也納香腸最適合湯品。如果烹
煮過久，香腸的味道就會流失，所
以希望作為配菜，保留鮮味的時
候，只要在準備起鍋的時候再放入
烹煮。

鮪魚罐
味道不夠時的輔助食材
只要經常儲備，就能隨時輕鬆使用
的油漬鮪魚罐。可依個人喜好，使
用有咬勁的「魚塊類型」，或是容
易揉散的「片狀類型」。由於罐頭
的油分較多，所以要確實瀝乾湯汁。

肉片
快速熟透，增添分量感。
不管是豬肉或牛肉，切成薄片，就
可以更快熟透，在提升湯頭濃郁的
同時，增添口感和分量感。確實撈
除浮渣，就能製作出清爽的味道。

干貝罐
溫和甘甜的高湯，有著奢侈的味道
干貝的水煮罐，柔嫩、美味的干貝
當然不用說，就連濃厚的湯汁也要
徹底利用！讓只有蔬菜而顯得單調
的湯，更有層次味覺。建議奶油風
味的湯使用。

絞肉
細碎的絞肉最適合湯的調味
用菜刀剁碎丟進湯裡，馬上增添鮮
味的方便性，正是絞肉的魅力所
在。隨時在冰箱裡留下一些，隨時
有效應用。豬牛混合絞肉、雞肉等
的不同，也能一改味覺形象。

薩摩炸魚餅
有效利用魚肉的鮮甜和油的濃郁
用油酥炸魚漿所製成的魚餅，可以
讓湯增添魚的味道和鹽分、油的濃
郁。適合大量配菜的味噌湯、輕爽
的中華湯、番茄風味的湯，和海
藻、配料也相當對味。

半片*
增添鮮味的同時還有湯汁美味
在魚肉的鮮味和鹽分形成湯底的同
時，還能吸收湯汁，使半片本身變
得更加美味。因為在湯裡面容易膨
脹，所以建議切成小薄片後再放入
烹煮。

*一種以白身魚肉為主，所蒸製而成的魚漿食品。

竹輪
最適合爽口 & 健康的湯
相當適合作為湯的入菜，只要切成
輪狀，放進清湯裡，就能釋出魚肉
的鮮甜美味。如果切成大塊，和蔬
菜一起燉煮，以醬油、味醂調味，
就可以製作出關東煮風味的湯。

Part 4

想調理身體狀況時的
「療癒！健康湯品」

身體狀況不佳的時候，

自然攝取身體所需的營養和水分是相當重要的事情。

把食材煮得軟爛，讓成分溶入湯裡，

讓人體可以完整吸收營養成分的湯，可說是最佳的調理法！

利用符合6種症狀的健康湯品，

維持每日的健康，提高免疫力吧！

料理／牧野直子　攝影／黑澤俊宏、松木　潤（主婦之友社攝影課）

宿醉的時候

補充水分是
分解有毒物質乙醛的最佳方法！

　　所謂的宿醉，是指因為飲酒過多，結果肝臟無法分解酒精，而導致有毒物質乙醛殘留在體力的狀態。症狀除了有頭痛、噁心、胃痛、倦怠感等之外，有時還會**產生脫水症狀**。因為酒精分解的時候，會消耗掉許多的水分，所以宿醉最應該做的事情就是補充水分。尤其是嘔吐的時候，更要補充大量的水分。多喝一點水、運動飲料，或是含有兒茶素和維他命 C 的綠茶等飲料吧！

　　另外，容易宿醉的人要重新檢視生活習慣、改善飲酒的方式。開始喝酒之前，只要先吃點豆腐或水煮豆類等優質蛋白質，就可以活躍酵素，讓酒精更容易分解，只要在喝酒的同時喝些水，就可以減輕宿醉。

這樣的人
要注意宿醉！

☐ 容易情緒高漲，不自覺地飲酒過量。
☐ 經常在空腹狀態下，突然飲酒。
☐ 經常不吃小菜、不喝水，
　　一味地猛喝酒。
☐ 啤酒、日本酒等，
　　一次喝下好幾種酒。
☐ 自認為自己的酒量絕佳。
☐ 容易疲累。
☐ 整個星期都沒有不喝酒日(休肝日)。

推薦這樣的食材！

利用容易消化的食材，
補充不足的維他命、礦物質和蛋白質

　　宿醉之後，或許會因為噁心而不想吃任何東西，但是早餐的攝取，卻可以讓宿醉恢復更快。食物的攝取，可以促進肝臟的血液流動，使肝臟的作用更加活躍，同時也能恢復損傷的腸胃黏膜，所以，均衡攝取蛋白質、維他命和礦物質等營養成分吧！

　　蛋白質要選用低脂且不會對腸胃造成負擔的食材（豆腐、白肉魚、雞柳、雞蛋等）。蔬菜要選用纖維較少且容易消化的食材。（蘿蔔、蕪菁、白菜、綠花椰、高麗菜等）。另外，花蛤、干貝、牡蠣等所含的牛磺酸，以及梅干、海蘊等所含的檸檬酸具有提高肝功能的作用。就調理方法來說，把食材燉煮得軟爛的湯，不僅容易消化，同時也能夠補充水分，所以最適合宿醉的時候攝取！連同湯汁一直吃光，讓身體完整吸收營養和水分吧！

蕪菁

綠花椰

白菜

豆腐

雞蛋

海蘊

花蛤

干貝

「宿醉」
食譜 Point

在完成前加入海蘊，目標就是檸檬酸的效果！
海蘊所含的檸檬酸具有促進肝功能的作用，是最適合解決宿醉的食材。海蘊同時也具有分解疲勞物質的作用，有助於減輕疲勞與倦怠感。

（1碗）
80
kcal

海蘊和
青江菜的中華湯

即便沒有食慾，輕微的酸味也能挑動你的味蕾。
無油&低鹽的安心食譜。

1鍋（2碗）
的蔬菜攝取量 青江菜
2株 + 豆芽菜
½ 大包 = 350g

材料（2碗）

青江菜…2株（200g）
豆芽菜…½ 大包（150g）
嫩豆腐…½ 塊（150g）
海蘊醋…1包
A│ 水…3杯
 │ 雞骨高湯粉…2小匙
醬油…1小匙
鹽、胡椒…各少許

1 將青江菜的菜梗和菜葉分開，菜梗縱切成棒狀，菜葉切成段狀。豆芽菜去除根鬚。

2 豆腐把水瀝乾，用手掐成一口大小。

3 把材料A放進鍋裡加熱，加入豆腐、青江菜的菜梗、豆芽菜煮沸。

4 加入青江菜的菜葉、海蘊醋快煮，再用醬油、鹽、胡椒調味。

綠花椰花蛤湯

利用花蛤的牛磺酸保養受到損傷的肝臟。
還可以吃到大量富含維他命C的蔬菜。

1鍋（2碗）的蔬菜攝取量 綠花椰 1大株 ＋ 甜椒 1小顆 ＝ 370g

材料（2碗）

綠花椰…1大株
　（小朵部分250g）
甜椒…1小顆（120g）
馬鈴薯…1顆
花蛤（帶殼）…150g
A｜水…3杯
　｜法式清湯粉…1小匙
鹽、胡椒…各少許

1 將綠花椰分成小朵，甜椒切成較小的滾刀塊，馬鈴薯切成一口大小的銀杏切。

2 花蛤浸泡在海水程度的鹽水（額外分量）裡吐沙，外殼充分搓洗乾淨。

3 把材料A、馬鈴薯放進鍋裡加熱，用中火烹煮10分鐘，直到馬鈴薯變得軟爛。

4 加入花蛤、綠花椰、甜椒，蓋上鍋蓋，待花蛤打開外殼後，用鹽、胡椒調味。

白菜干貝牛奶湯

1碗 154 kcal

利用便利的干貝罐補充牛磺酸。
牛奶風味的蔬菜香甜，同時有益消化，能滲入疲勞的身體。

1鍋（2碗）的蔬菜攝取量 白菜 2片 ＋ 蕪菁 1小顆 ＋ 蔥（白色部分）1根 ＝ 350g

材料（2碗）

白菜…2片（200g）
蕪菁…1小顆（90g）
蔥的白色部分
　…1根（60g）
干貝罐…1罐（105g）
A｜水…2杯
　｜雞骨高湯粉…1小匙
牛奶…1杯
鹽、胡椒…各少許

1 將白菜把菜葉和菜梗分開，切成段狀。蕪菁切成較薄的梳形切。蔥斜切成片。另將干貝罐的干貝和湯汁分開。

2 把干貝罐的湯汁、材料A、蕪菁和白菜的菜梗放進鍋裡，用中火烹煮5分鐘，食材變得軟爛後，加入白菜的菜葉、蔥。

3 沸騰之後，加入牛奶，在即將沸騰之前，把干貝放進鍋裡，用鹽、胡椒調味。起鍋後，如果有辣椒粉，就撒上一些。

鮮豔蔬菜雞蛋湯

1碗
168
kcal

滿滿一盤身體所需的維他命。
芹菜的溫和香氣，讓心情也跟著舒暢。

| 1鍋（2碗）的蔬菜攝取量 | 高麗菜 ⅛ 顆 | + | 胡蘿蔔 ⅓ 根 | + | 洋蔥 ¼ 顆 | + | 芹菜 ⅓ 小根 | + | 番茄 ⅓ 顆 | = 350g |

材料（2碗）

高麗菜…⅛顆（150g）
胡蘿蔔…⅓根（50g）
洋蔥…¼顆（50g）
芹菜…⅓小根（50g）
番茄…⅓顆（50g）
雞蛋…2顆
A｜水…2.5 杯
　｜法式清湯粉…½ 大匙
鹽、胡椒…各少許
起司粉、粗粒黑胡椒…各少許
橄欖油…2 小匙

1 高麗菜、胡蘿蔔、洋蔥、芹菜、番茄切成 1cm 丁塊狀。

2 用鍋子加熱橄欖油，放入番茄以外的蔬菜拌炒，待食材全裹上油之後，蓋上鍋蓋，用小火悶煮 5 分鐘。

3 蔬菜變得軟爛後，加入材料 A 煮沸，加入番茄，用鹽、胡椒調味。

4 再次沸騰之後，打入雞蛋，雞蛋煮熟至個人所喜歡的硬度之後，裝盤。撒上起司粉、黑胡椒。

「宿醉」
食譜 Point

利用高蛋白的雞蛋力量強化肝功能！
雞蛋的蛋白質含有體內無法生成的必須氨基酸，具有促進酒精分解的作用。因為屬於優質蛋白質，所以也有助於恢復損傷的腸胃黏膜。

疲累的時候

傾聽身體的聲音，保養自己的身體吧！
提升體力和免疫力的生活習慣也非常重要。

對於每天忙碌的人來說，疲勞是無可避免的事情。身體感到疲勞而不想活動，或是集中力不佳的時候，就是身體謀求「休養」的證據。在疲勞的累積，造成疾病之前，好好保養自己吧！透過充足睡眠、壓力釋放、營養補給等方式，療癒身心靈吧！如果是休養之後就可以馬上消除的疲勞，當然沒有什麼問題。如果是持續的慢性疲勞，那就找個時間

去內科或身心科問診一下吧！

另外，疲勞累積之後，有時會出現肩頸痠痛或腰痛惡化、口腔炎或青春痘、罹患感染症等症狀，這個時候，體力和免疫力就會下降。不容易疲勞的身體可非一朝一夕就可造就。最好的方法還是從日常生活做起，透過營養均衡的飲食生活和適當的運動，培養出絕佳的基礎體力，才是最主要的關鍵。

這樣的人
要注意疲勞！

☐ 幾乎每天都因為工作而忙碌到深夜。
☐ 因睡眠不足而嚴重困倦。
☐ 早上起床時，仍舊感覺疲累。
☐ 感覺比過去更容易疲累。
☐ 經常感到焦慮、不安。
☐ 工作效率不佳。
☐ 身體沉重，缺乏幹勁。
☐ 沒有食慾。
☐ 運動不足。

推薦這樣的食材！

富含維他命B₁的豬肉是最強的食材！
搭配蔥等食材使用。

代謝糖質，把糖質轉換成熱量的維他命 B_1，是恢復疲勞所不可欠缺的維他命。豬肉是維他命 B_1 含量最多的食材。對湯來說，豬肉片和豬絞肉、豬肉加工而成的培根、香腸等，是最便利的配菜。維他命 B_1 如果和蔥、洋蔥、韭菜、蒜頭等所含的阿離胺酸結合，就會變得更強大，更容易被身體吸收。巧妙地把豬肉和這些

食材組合在一起吧！另外，含有大量鐵質的牛肉、豬肝、菠菜、小松菜、羊栖菜等，也是容易疲勞的人應該積極攝取的食材。

許多人都以為，「疲累的時候應該攝取甜食」，但其實這是錯誤的，糖分的效果只是暫時性。如果把糖質轉換成熱量用的維他命 B_1 不足，糖質就會殘留在體內，所以必須多加小心。

菠菜

洋蔥

韭菜

蒜頭

培根

豬肉片

豬絞肉

牛肉片

洋蔥豬肉咖哩湯

1碗
282
kcal

恢復疲勞的最強拍檔，和咖哩也非常對味。
紅色和綠色的維他命蔬菜，在外觀上也能刺激食慾。

1鍋（2碗）
的蔬菜攝取量 洋蔥
1顆 ＋ 綠辣椒
10 大根 ＋ 小番茄
5 顆 ＝ 350g

材料（2碗）

洋蔥…1顆（200g）
綠辣椒…10 大根（100g）
小番茄…5 顆（50g）
薑片…2～3 片
豬肉片…100g
A | 水…2.5 杯
　| 法式清湯粉…1 小匙
咖哩醬…1 塊
沙拉油…2 小匙

1　洋蔥切片。綠辣椒用竹籤刺孔。小番茄去除蒂頭，
　　切成一半。

2　把沙拉油和薑放進鍋裡加熱，產生香氣後，加入洋
　　蔥拌炒，變得軟爛後，加入豬肉拌炒。

3　豬肉的顏色改變後，加入材料 A 煮沸，撈除浮渣，
　　加入綠辣椒和小番茄，暫時關火。

4　溶入咖哩醬，再次開火烹煮，咖哩醬充分混合後，
　　就可以起鍋。

「疲累」
食譜 Point

**豬肉（維他命B₁）的夥伴
就是大量的洋蔥！**
維他命B₁尤其豐富的豬
肉，只要和含有阿離胺酸
的洋蔥組合，就可以增強
吸收力。只要切成薄片，
就可以快速熟透，也就能
更快速完成調理。

餃子中華湯

1碗
242
kcal

豬絞肉＋韭菜的餃子可以療癒身體。
快速烹煮的清脆蔬菜能為口感加分。

1鍋（2碗）
的蔬菜攝取量

水菜 ½把 ＋ 豆芽菜 ⅓包 ＋ 胡蘿蔔 ⅙根 ＋ 白菜 1片 ＋ 韭菜 ½把 ＝ 350g

材料（2碗）

水菜…½把（100g）
豆芽菜…⅓包（80g）
胡蘿蔔…⅙根（30g）
豬絞肉…50g
白菜…1片（100g）
韭菜…½把（40g）
餃子皮…14片
A｜太白粉、酒、醬油、
　｜芝麻油…各½小匙
B｜水…3杯
　｜雞骨高湯粉…2小匙
醬油…½大匙
鹽、胡椒…各少許
辣油…適量

1 水菜切段。豆芽菜去除根鬚。胡蘿蔔縱切成絲。
2 白菜和韭菜切成碎末，撒上適量的鹽（額外分量）搓揉，把水擠乾。
3 把絞肉、步驟 2 的食材、材料 A 放進碗裡充分攪拌，分成 14 等分，用餃子皮包成餃子。
4 把材料 B 放進鍋裡加熱，放入胡蘿蔔、步驟 3 的水餃烹煮，餃子浮起後，進一步用中火烹煮 1～2 分鐘。
5 加入水菜、豆芽菜和醬油，再次沸騰之後，用鹽、胡椒調味。起鍋後，淋上辣油。

「疲累」食譜 Point

把帶來活力的餃子和湯，一掃而空！

豬肉的維他命B₁加上韭菜的阿離胺酸後，可以提高吸收率。湯餃的熱量比煎餃少，所以熱量較低，而且也不會造成消化不良！

菠菜牛肉泡菜湯

1碗
214
kcal

雙重攝取可以消除貧血和疲勞的鐵質！
泡菜的辛辣和酸味也能幫助恢復活力。

1鍋（2碗）
的蔬菜攝取量

菠菜 ½把 ＋ 櫛瓜 ½根 ＋ 白菜泡菜 100g ＝ 350g

材料（2碗）

菠菜…½把（150g）
櫛瓜…½根（100g）
白菜泡菜…100g
牛肉片…100g
A｜水…2.5杯
　｜雞骨高湯粉…1小匙
醬油…1小匙
鹽、胡椒…各少許
白芝麻…½小匙

菠菜用熱水汆燙泡水後，把水擠乾，切成 3cm 長。櫛瓜切成 5mm 厚的半月切，撒上少許的鹽（額外分量），讓櫛瓜變軟。泡菜切成段狀。

把材料 A 放進鍋裡加熱，一邊揉開牛肉放入，沸騰之後，撈除浮渣。

加入步驟 1 的食材、醬油，再次沸騰後，加入芝麻，用鹽、胡椒調味。

「疲累」食譜 Point

以相乘效果補充體質

菠菜的非原血紅素鐵不容易被人體吸收，但只要和牛肉組合，蛋白質就可以促進鐵的吸收。同時也可以攝取到牛肉的原血紅素鐵，尤其建議貧血的女性品嚐！

蔥和培根的西式蛋花湯

一整根的蔥！利用蔥的滋養和培根的維他命B1
消除身體的疲勞，並且促進血液循環。

1鍋（2碗）
的蔬菜攝取量

 蔥
2根 ＋ 甜椒
½ 顆 ＋ 豆苗
½ 包 ＝ 350g

材料（2碗）

蔥…2根（200g）

蒜頭…1瓣

甜椒（紅）…½ 顆（80g）

豆苗…½ 包（70g）

培根…2片

雞蛋…1顆

A｜水…2.5杯

　｜法式清湯粉…1小匙

橄欖油…2小匙

鹽、胡椒…各少許

1　蔥切成蔥花，捨棄綠色部分不用，蒜頭、甜椒切片。豆苗切成 3～4cm 長。培根切成 1cm 寬。雞蛋打成蛋液備用。

2　把蒜頭和橄欖油放進鍋裡加熱，產生香氣之後，加入培根拌炒。培根釋出油脂之後，加入蔥混合拌炒。

3　加入甜椒、材料 A，沸騰之後，加入豆苗。食材變軟後，淋入蛋液，用鹽、胡椒調味。

「疲累」
食譜 Point

**蔥可以促進
吸收培根的維他命B1**

蔥的白色部分有很多阿離胺酸，可提高吸收培根的維他命B1。另外，甜椒和豆苗所富含的維他命C，也具有舒緩壓力的作用。

腸胃不適的時候

迎向放鬆、釋放身心壓力，不造成腸胃負擔的生活

　　胃是容易受壓力或外來刺激所影響的器官。不規律的飲食生活、暴飲暴食、吸菸、壓力過大、虛寒等原因，都可能在無意識間，使腸胃受到傷害。如果有食慾不振、消化不良、腹痛、下痢等症狀，就是腸胃出現不適的危險信號。讓腸胃休息、消除造成原因的壓力或刺激，是讓腸胃盡早恢復健康的捷徑。

　　腸胃的抵抗力好壞因人而異，腸胃黏膜的強度也有體質上的差異。基本上，要強化體質虛弱的人是非常困難的事情，不過，體質虛弱的人則可以在飲食生活上避免對腸胃造成傷害。另外，減少咖啡的攝取、減少吸菸量、消除心理上的不安、避免喝冰冷的飲料或待在冷氣房裡，這些飲食以外的部分也必須多加注意。

推薦這樣的食材！

控制油量，利用低脂的蛋白質和加熱的蔬菜，製作出容易消化的菜色

　　腸胃狀況不佳的時候，要在飲食上稍加控制，盡可能攝取不會造成腸胃負擔的營養食材。應該盡量避免攝取使用大量油脂的油炸物或熱炒物，以及辛香料刺激較多的料理、零食。白米飯原本就是容易消化吸收的食材，所以粥是最適合的食材。生蔬菜不容易消化，所以應避免攝取生菜沙拉，而要使用蒸煮、燉煮或湯品等料理方式，把蔬菜加熱調理得更軟爛。

　　蔬菜建議選用含有消化酵素的高麗菜、蘿蔔、蕪菁，和纖維較少的冬瓜、白菜、萵苣等。蛋白質是讓胃黏膜再生的必要營養素，但是，脂肪的消化比較耗費時間。所以就選用豆漿或豆腐等植物性蛋白質，或是雞柳、鱈魚、半片等，低脂的動物性蛋白質吧！同時也別忘了細嚼慢嚥。

高麗菜

萵苣

冬瓜

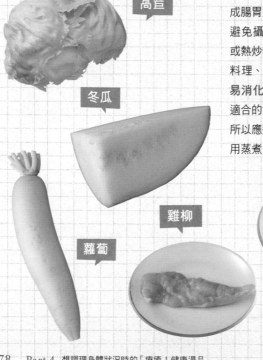

蘿蔔

雞柳

半片

豆腐

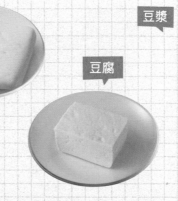

豆漿

高麗菜絲和
冬瓜的中華湯

高麗菜的維他命U可療癒虛弱的胃。
只要用切絲的方式切斷纖維，就可以更容易消化。

「腸胃不適」
食譜 Point

維他命U（抗潰瘍因子）作用於受傷的胃

維他命U又稱為抗潰瘍因子，具有活化蛋白質生成，促進胃黏膜新陳代謝的作用。因為這種維他命容易溶於水，所以要連同湯汁一起飲盡。

1鍋（2碗）
的蔬菜攝取量
 高麗菜
⅛顆 + 冬瓜
⅛顆 = 350g

材料（2碗）

高麗菜…⅛顆（200g）

冬瓜…⅛顆（150g）

豆腐…½塊（150g）

A｜水…2.5 杯

　｜雞骨高湯粉…2 小匙

蠔油…2 小匙

鹽、胡椒…各少許

1　高麗菜切絲。冬瓜去除種籽，去皮後，切成
　　短籤切。豆腐同樣也切成短籤切。

2　把材料 A 、冬瓜放進鍋裡烹煮，中火烹煮 5
　　分鐘。等冬瓜變軟之後，加入豆腐和高麗菜。
　　再次沸騰之後，用蠔油、鹽、胡椒調味。

蘿蔔泥和
鱈魚的日式湯

1碗
124
kcal

利用蘿蔔泥增添湯的清爽和濃郁
消化酵素豐富的蘿蔔百吃不膩。

1鍋（2碗）
的蔬菜攝取量　蘿蔔
1/5根　＋　青江菜
1株　＝ 350g

材料（2碗）

蘿蔔…1/5根（250g）
青江菜…1株（100g）
鱈魚…2塊
A｜鹽…1/5小匙
　｜酒、太白粉
　｜…各2小匙
高湯…2.5杯
淡口醬油…1大匙
鹽…少許

1　蘿蔔把2/3的分量磨成泥，剩下的
　部分切成絲。青江菜的菜梗縱切成
　棒狀，菜葉切成段狀。鱈魚切成
　3～4等分，撒上材料A。

2　把高湯倒進鍋裡加熱，加入蘿蔔
　絲、青江菜的菜梗，沸騰之後，加
　入鱈魚。

3　用中火烹煮3～5分鐘，鱈魚熟
　透後，加入蘿蔔泥、青江菜的菜葉
　快煮，用醬油和鹽調味。

「腸胃不適」食譜 Point

蘿蔔是促進消化的酵素寶庫！
蘿蔔含有許多分解澱粉、蛋白質和脂
肪的酵素，具有促進消化吸收、強健
腸胃的作用。磨成泥之後，也具有讓
細胞內的成分更活躍的優點。

「腸胃不適」食譜 Point

蕪菁和蕪菁葉都具有營養價值
蕪菁含有消化酵素，自古就是消化不
良或腹痛時所使用的食材。蕪菁葉則
是含有豐富β胡蘿蔔素及維他命C等營
養的綠黃色蔬菜，只要一起攝取，就
可以獲得完美的營養價值。

蕪菁雞柳培根湯

1碗
127
kcal

蕪菁的果實含有許多消化酵素，葉子有豐富的維他命。
只要一起使用，就可以在呵護腸胃的同時，獲取營養！

1鍋（2碗）
的蔬菜攝取量　蕪菁
2顆　＋　蕪菁葉
2顆的分量　＋　玉米罐
1/2 杯　＝ 400g

材料（2碗）

蕪菁…2顆（200g）
蕪菁葉
　…2顆的分量（100g）
玉米罐（奶油）
　…1/2杯（100g）
雞柳…2條
A｜水…2.5杯
　｜法式清湯粉…1小匙
鹽、胡椒…各少許

1　蕪菁切成7mm厚的銀杏切，蕪
　菁葉汆燙後切成段。雞柳除掉
　筋，把菜刀平放，從中央朝左右
　剖開，削成薄片。

2　把材料A和蕪菁放進鍋裡，用中
　火烹煮5分鐘。等食材變軟後，
　加入雞柳。

3　雞肉的顏色改變後，倒入奶油玉
　米罐，再次煮沸，加入蕪菁葉。
　用鹽、胡椒調味。

萵苣和半片的
豆漿味噌湯

1碗
149
kcal

半片和豆漿，低脂且味道溫和。
不會造成腸胃負擔，是相當值得推薦的蛋白質！

1鍋（2碗）
的蔬菜攝取量 白菜
1.5片 + 萵苣
10片 = 350g

材料（2碗）

白菜…1.5片（150g）
萵苣…10片（200g）
半片…1片
高湯…2.5杯
豆漿（原味）…1杯
味噌…1.5大匙

1 白菜把菜梗和菜葉分開，菜梗削切成一
口大小，菜葉切成段狀。萵苣用手撕成
容易食用的大小。半片縱切成對半後，
切成薄片。

2 把高湯、白菜的菜梗放進鍋裡加熱，用
中火烹煮2～3分鐘。加入白菜的菜葉
和萵苣、半片烹煮。

3 最後再加上豆漿，在沸騰之前溶入味噌。

「腸胃不適」
食譜 Point

把纖維較少的蔬菜煮爛
如果為了避免造成腸胃
負擔而避免攝取食物纖
維，反而會招致便祕。
只要把萵苣或白菜等纖
維較少的蔬菜煮得軟
爛，就不會對腸胃造成
負擔。

膚況不佳的時候

雖然膠原蛋白會隨著年齡增加而減少，但只要改變生活習慣，肌膚就能恢復。

膠原蛋白是蛋白質的一種，具有連接細胞的作用，可以維持肌膚的緊致、彈力和滋潤。人體會時常生成膠原蛋白，但是新陳代謝在 20 歲抵達顛峰之後，就會開始變得遲鈍，40 歲之後，代謝能力會下降至巔峰的一半。肌膚之所以隨著年齡增加而產生黑斑或細紋、鬆弛等肌膚問題，就是因為如此。

話雖如此，除了年齡增長之外，其實日常生活的各種原因同樣也會造成肌膚問題。例如，壓力就是美麗肌膚的大敵。放鬆的時間和空間可以讓心靈獲得健康，肌膚和氣色也會變得光彩亮麗。睡眠也很重要。晚間 10 點～半夜 2 點期間，人體會分泌出細胞新陳代謝所不可欠缺的成長荷爾蒙，所以這個時段就要有優質的睡眠。不管怎麼說，營養均衡的飲食，也是打造美麗肌膚的基本！改善生活習慣，就能帶來健康的肌膚和身體。

推薦這樣的食材！

積極攝取含有膠原蛋白的肉或魚貝類，以及含有維他命A、C、E的蔬菜

雞翅、豬排骨、紅金眼鯛、鰻魚、蝦等，肉、魚貝類的皮和骨含有豐富的膠原蛋白。膠原蛋白會溶入湯裡，所以煮湯的時候，就連同湯汁一起喝光吧！維持肌膚健康並保持滋潤的維他命 A、抑制黑素生成，使肌膚維持年輕的維他命 C、可抑制活性氧，防止肌膚老化的維他命 E，是有益肌膚的三大維他命。南瓜、胡蘿蔔、番茄、綠花椰、甜椒、黃麻等綠黃色蔬菜，以及酪梨、奇異果等水果，全都富含這些維他命，應該積極攝取。

另外，腸內環境一旦失調，就會對肌膚造成極大的負面影響！為預防便祕，應注意攝取食物纖維較多的食材、確實攝取水分（參考 p.86）、避免攝取過多高脂肪的蛋白質、攝取含有乳酸菌的發酵食品，隨時調整腸內環境吧！

小番茄

綠花椰

甜椒

胡蘿蔔

黃麻

南瓜

雞翅

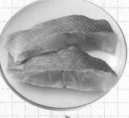

紅金眼鯛

綠花椰和南瓜的雞湯

1碗
220
kcal

使肌膚光滑的3大維他命A、C、E，
和雞翅的膠原蛋白，是道豐富的美膚食譜！

1鍋（2碗）
的蔬菜攝取量
 綠花椰
1小株
＋
 南瓜
100g
＋
 洋蔥
½顆
＝ $350g$

材料（2碗）

綠花椰
　…1小株（小朵部分150g）
南瓜…100g
洋蔥…½顆（100g）
二節翅…6支
A｜水…3杯
　｜白酒…¼杯
　｜月桂葉…2片
鹽…適量
粗粒黑胡椒…少許

1　綠花椰分切成小朵。南瓜切成銀杏切，洋蔥切片。二節翅把雞小翅切掉，沿著骨頭，用菜刀切出刀痕，撒上⅓小匙的鹽。

2　把材料A、洋蔥、雞翅（雞小翅也一起放進鍋裡）放進鍋裡烹煮，沸騰後撈除浮渣，用小火烹煮20分鐘。

3　雞翅變軟後，加入南瓜、綠花椰烹煮3分鐘，用鹽、胡椒調味。

「膚況不佳」
食譜 Point

**確實燉煮，
溶出膠原蛋白**
雞翅只要確實燉煮，就可以溶出膠原蛋白。綠黃色蔬菜含有豐富的維他命C，具有幫助膠原蛋白生成的作用，所以建議一起品嚐。

1碗
299
kcal

紅金眼鯛的馬賽魚湯

紅金眼鯛的豐富營養素，打造光滑肌膚♪
同時再加入番茄的抗氧化作用。

1鍋（2碗）
的蔬菜攝取量 番茄 1大顆 ＋ 芹菜 1小根 ＝ 350g

「膚況不佳」食譜 Point
紅金眼鯛等魚類也有豐富的膠原蛋白
紅金眼鯛、鮟鱇、比目魚等，會形成魚
凍的魚，也含有許多膠原蛋白。除外，
紅金眼鯛還含有活化大腦的DHA、蝦
紅素等受人矚目的營養素！

材料（2碗）
番茄…1大顆（200g）
芹菜…1小根（150g）
蒜頭…1瓣
紅金眼鯛…2塊
A｜鹽、胡椒…各少許
　｜小麥粉…適量
B｜水…2.5杯
　｜法式清湯粉…2小匙
鹽、粗粒黑胡椒…各少許
橄欖油…1大匙

1 番茄切成1cm厚的半月切。芹菜斜切成片，葉子切成段。蒜頭切片。將紅金眼鯛削成一口大小，撒上材料A。

2 用平底鍋加熱橄欖油和蒜頭，放入紅金眼鯛，把兩面煎成焦黃。

3 紅金眼鯛呈現焦黃色之後，加入番茄和芹菜（留下一點菜葉）快速攪拌，加入材料B，蓋上鍋蓋，用大火烹煮2～3分鐘。用鹽、胡椒調味。起鍋後，鋪上芹菜的菜葉。

1碗
153
kcal

西式甜椒鮮蝦湯

甜椒是打造美膚，含有豐富維他命的優異食材。
利用色彩鮮豔的湯，維持健康肌膚吧！

1鍋（2碗）
的蔬菜攝取量 甜椒（紅、黃）各½小顆 ＋ 菠菜 ½小把 ＋ 櫛瓜 1小根 ＝ 370g

（2碗）
甜椒（紅、黃）
　…各½小顆（共120g）
菠菜…½小把（100g）
櫛瓜…1小根（150g）
蒜頭…1瓣
剝殼蝦…100g
A｜水…2.5杯
　｜法式清湯粉…2小匙
鹽、粗粒黑胡椒…各少許
橄欖油…1大匙

1 甜椒切成3cm長的條狀。菠菜用熱水汆燙，泡水後擠乾，切成3cm長。櫛瓜切成3cm長的棒狀。蒜頭壓碎。蝦子去除沙腸。

2 用鍋子加熱蒜頭和橄欖油，產生香氣之後，放入甜椒、櫛瓜、鮮蝦拌炒。

3 鮮蝦變色後，加入材料A煮沸，加入菠菜快煮，再用鹽、胡椒調味。

「膚況不佳」食譜 Point
靠3種蔬菜強化β胡蘿蔔素
β胡蘿蔔素會依身體需求，轉變成維他命A，同時具有保護肌膚細胞，恢復受損黏膜的作用。透過甜椒、菠菜、櫛瓜，攝取豐富的β胡蘿蔔素吧！

黃麻和小番茄的東南亞湯

1碗
256
kcal

高營養價值的黃麻所含的黏膩成分，也是美膚的成分！
快速烹煮，撈除浮渣後，就會變得更容易食用。

1鍋（2碗）的蔬菜攝取量 黃麻 1把 + 小番茄 10顆 + 蔥 1根 + 胡蘿蔔 ⅓根 = 400g

材料（2碗）

黃麻…1把（150g）
小番茄…10顆（100g）
蔥…1根（100g）
胡蘿蔔…⅓根（50g）
薑片…3～4片
紅辣椒…1根
豬肉片…100g
A｜鹽、胡椒…各少許
B｜水…2.5杯
　│雞骨高湯粉…½大匙
魚露…2小匙
鹽、胡椒…各少許
沙拉油…1大匙

1　黃麻摘掉菜葉，用熱水汆燙，泡水後擠乾，切成碎末。

2　小番茄去掉蒂頭，切成一半。蔥切成蔥花，捨棄綠色部分不用。胡蘿蔔切絲。紅辣椒切成一半，去除種籽。豬肉切成容易食用的大小，撒上材料A。

3　用鍋子加熱沙拉油和薑、紅辣椒，加入豬肉拌炒，豬肉變色後，混入蔥、胡蘿蔔、小番茄拌炒。

4　食材全部裹滿油之後，加入材料B烹煮，加入魚露、步驟1的黃麻快煮，用鹽、胡椒調味。

「膚況不佳」
食譜 Point

黏膩成分
強健肌膚的黏膜
黃麻含有名為黏蛋白的黏膩成分，具有強健黏膜的作用。而且，其維他命含量在綠黃色蔬菜中更是居冠。為了充滿彈性的肌膚，請務必多加嘗試。

便祕的時候

透過1日三餐，讓排便更順暢，
只要腸道乾淨，免疫力也能隨之提升。

便祕的症狀有各式各樣。有人將近一星期都不會排便，也有人2～3天才排便一次，不管是什麼樣的情況，只要有糞便殘留的不舒服感覺，就可以稱之便祕。腸道是與免疫力相關的器官。雖然便祕本身並不是疾病，但是，糞便一旦長時間滯留在腸道裡，壞菌就會增加，就會形成一切疾病的根源，這是大家都知道的事情。只要調整腸內環境，就可以提升免疫力，進而就能預防文明病及肌膚問題。

排便習慣的養成，要從1日三餐的飲食開始。早餐之後容易產生便意，所以每天早上的早餐非常重要。如果為了減肥而減少食量，糞便的分量也會減少，進而導致便祕，所以過分極端的減肥也是禁忌。另外，適當的運動可以讓腸道的蠕動更加活躍，所以也要注意避免運動不足。

推薦這樣的食材！

攝取根莖蔬菜、豆類、香菇、海藻等，
食物纖維豐富的食材

日本人便祕的情況之所以有增加的趨勢，是因為歐美類型的飲食型態，導致食物纖維的攝取不足。若要改善便祕，增加糞便分量的食物纖維是不可欠缺的營養素。除了牛蒡和蓮藕等根莖蔬菜之外，還要多多攝取香菇、毛豆、玉米、秋葵、花椰菜、大豆和菜豆、菇類富含的非溶性食物纖維，和海藻、蒟蒻、奇異果與草莓等水果所富含的水溶性食物纖維。

優格、起司、醃漬物、味噌和醬油等乳酸菌豐富的發酵食品，也具有調整腸內環境的作用，所以也要養成攝取的習慣。另外，軟化糞便的水分也是不可欠缺的。橄欖油具有活化小腸的作用，寡糖則能成為腸內比菲德氏菌的餌食，這些都有助於便祕的改善。

竹筍

牛蒡

蓮藕

玉米

花椰菜

毛豆

菇類

秋葵

「便祕」
食譜 Point

食物纖維
就算磨成泥也OK
蓮藕泥稍微擠掉湯汁後，混入肉餡裡。就算磨成泥，食物纖維的作用仍不會改變，所以希望更容易消化時，也建議採用這種料理方法。

1碗
180
kcal

日式蓮藕丸湯

蓮藕泥製成的蓮藕丸，有著鬆軟的口感。
加上小松菜、竹筍，就有三種食物纖維。

1鍋（2碗）
的蔬菜攝取量　 蓮藕
½ 節　＋　竹筍
1 小個　＋　 小松菜
½ 小把　＝ 350g

材料（2碗）

蓮藕…½ 節（150g）
竹筍（水煮）…1 小個（100g）
小松菜…½ 小把（100g）
香菇…2 朵
A　雞絞肉…100g
　　薑汁…½ 小匙
　　鹽…少許
高湯…3 杯
醬油、味醂、酒…各 1 大匙
七味唐辛子…少許

1　把⅔的蓮藕磨成泥，剩下的部分切成銀杏切。竹筍把前段和根部分開，縱切成對半後，切成片。小松菜切成 3cm 長，香菇切除根蒂後，切成片。

2　把蓮藕泥放進碗裡，放入 A 材料，充分攪拌均勻。

3　把高湯放進鍋裡加熱，加入銀杏切的蓮藕、竹筍、香菇，用中火烹煮 2～3 分鐘。

4　蓮藕變軟之後，把步驟 2 的蓮藕泥搓成小丸子，放進鍋裡，蓮藕丸浮起熟透之後，加入小松菜煮沸。用醬油、味醂、酒調味，起鍋後，撒上七味唐辛子。

1碗
213
kcal

牛蒡沙丁魚丸味噌湯

甜椒是打造美膚，含有豐富維他命的優異食材。
利用色彩鮮豔的湯，維持健康肌膚吧！

1鍋（2碗）的蔬菜攝取量

+ / + ↓ + ⫽ = 350g

| 蘿蔔 1/8根 | 胡蘿蔔 1/3根 | 分蔥 1/2把 | 牛蒡 1/4根 |

材料（2碗）

蘿蔔…1/8根（150g）
胡蘿蔔…1/3根（50g）
分蔥…1/2把（100g）
牛蒡…1/4根（50g）
沙丁魚…2尾
A│ 薑汁…少許
 │ 鹽…少許
 │ 太白粉…1/2大匙
高湯…3杯
味噌…1.5大匙

1 蘿蔔、胡蘿蔔切成短籤切。分蔥切成5cm長。牛蒡削片後泡水。
2 沙丁魚把頭切掉，去除內臟，從中間剖開，去除魚骨和魚皮，用菜刀搗碎後，再用研缽磨成泥（或是使用市售的「沙丁魚魚漿」）。加入瀝乾水的牛蒡、材料A攪拌。
3 把高湯、蘿蔔、胡蘿蔔放進鍋裡，用中火烹煮5分鐘。蔬菜變得軟爛後，把步驟2的沙丁魚魚漿搓成小丸子，加入鍋裡。
4 沙丁魚丸浮起熟透後，加入分蔥快煮，溶入味噌。

玉米鮭魚咖哩湯

1碗
393
kcal

充滿顆粒口感和咖哩的刺激，
明明低熱量且健康，卻充滿飽足感！

1鍋（2碗）的蔬菜攝取量

/ + ⩗ + ⫽ = 350g

| 玉米 1根 | 毛豆 100g | 秋葵 1包 |

材料（2碗）

玉米…1根（淨重180g）
毛豆…約50瓣
　　　（淨重100g）
秋葵…1包（70g）
鮭魚…2塊
A│ 鹽、胡椒、
 │ 小麥粉…各少許
高湯…2.5杯
咖哩醬…1塊
醬油…2小匙
鹽…少許
奶油…1大匙

1 玉米用保鮮膜包覆，用微波爐（600W）加熱4分鐘，放涼之後，用菜刀削下玉米粒。毛豆用熱水汆燙，剝出豆莢裡的毛豆。秋葵斜切成3等分。鮭魚削成一口大小，抹上材料A。
2 用鍋子加熱奶油，放入鮭魚，把兩面煎成焦黃。加入高湯，沸騰後，加入玉米、毛豆、秋葵，烹煮1～2分鐘。
3 暫時把火關掉，溶入咖哩醬，再次開火，用醬油、鹽調味。

花椰菜和
玉米筍的中華湯

234
kcal

清淡味道的蔬菜，和豬肉的鮮味相當契合！
3種蔬菜讓維他命&食物纖維更加均衡。

1鍋（2碗）
的蔬菜攝取量 花椰菜 ½ 小株 ＋ 玉米筍 8 根 ＋ 蠶豆 約 25 顆 ＝ 350g

材料（2碗）

花椰菜…½ 小株（150g）
玉米筍…8 根（80g）
蠶豆…約 25 顆（淨重 120g）
豬肉片…100g
A｜水…3 杯
　｜雞骨高湯粉…2 小匙
鹽、胡椒…各少許

1 花椰菜分切成小朵。玉米筍斜切成 2cm 寬。蠶豆用
　熱水煮至軟爛，剝除薄皮。豬肉切成容易食用的大
　小。

2 把材料 A 放進鍋裡加熱，沸騰後，加入花椰菜、玉
　米筍，用中火烹煮 3 ～ 5 分鐘。

3 慢慢加入豬肉，豬肉變色後，加入蠶豆，用鹽、胡
　椒調味。

「便祕」
食譜 Point

食物纖維最多的
這2種食材備受矚目！
花椰菜、玉米筍含有豐富的食
物纖維，而且十分有咬勁，所
以最適合在減肥時用來增加
飽足感。玉米筍也可以用水煮。
這兩種食材同時也含有具造
血作用的葉酸。

為虛寒所苦的時候

虛寒會引起各種身體不適，所以惡化前要想辦法提升體溫

壓力、運動不足、偏食等，都會造成血液循環不良，因此，手腳和腰等身體的特定部位就會有虛寒、不適的感覺，這種狀態就是所謂的虛寒。就算身體沒有嚴重不適的情況，但是，俗語說「虛寒是萬病的根源」，虛寒往往會引起頭痛、頭暈、生理不順、疲勞感、消化不良、失眠等不適症狀，所以仍舊要多加小心。如果要改善虛寒症狀，就要

少吃生冷食物、少喝冷飲，藉由充足睡眠來消除疲勞或壓力，總之，就是要排除導致身體虛冷的原因。睡眠盡可能熟睡 6 小時以上是最理想的。另外，提升體溫的捷徑是，鍛鍊肌肉，促進血液循環。配合自己的狀態，適度運動吧！泡澡的時候，可以使用澡盆，1 天直接提升 1 次體溫，也可以活化免疫力。也可以採用溫水泡澡的半身浴。

這樣的人要注意虛寒！

☐ 手腳容易浮腫。
☐ 手腳冰冷。
　　有時會因手腳冰冷而睡不著。
☐ 很少使用澡盆泡澡，
　　大多都是採用淋浴。
☐ 喜歡生蔬菜和水果。
☐ 常喝咖啡、綠茶和牛奶。
☐ 腸胃不好，動不動就拉肚子。
☐ 經常感受到壓力。
☐ 偶爾會被說臉色不好。
☐ 身體容易疲累。
☐ 體溫都是36.0度以下的低體溫。

推薦這樣的食材！

選用香味蔬菜、香草，以及含有促進血液循環的維他命E和鐵的食材

積極選擇可提升體溫、促進血液循環的食材吧！蔥、洋蔥、薑、蒜頭、巴西利和羅勒等，香味蔬菜和香草是最具代表性的食材。寒冷地方的食材，或是冬季採收的食材，多半都是可溫熱身體的食材，胡蘿蔔、山藥等根莖蔬菜也相當值得推薦。除此之外，還要均衡攝取含有辣椒鹼，可增進血液流動的紅辣椒或泡菜、含有維他命 E，可促進血液循環的南

瓜、沙丁魚、納豆、油豆腐等，以及含有鐵質，可預防貧血的菠菜、牛肉、肝臟、羊栖菜等食材。

另一方面，體質虛寒的人最好避免攝取甜瓜、西瓜、梨子、香蕉等水果，還有番茄、黃瓜、茄子、萵苣等夏季蔬菜、冷飲、巧克力等，讓身體虛寒的食物。感覺虛寒的時候，蔬菜不要吃生的，要加熱調理後再食用。這個時候，湯是最適合的料理。

洋蔥

蔥

胡蘿蔔

巴西利、羅勒

蒜頭

薑

白菜泡菜

油豆腐

「1碗」
229 kcal

烤蔥肉丸湯

只要採用2根蔥，就充滿了大量驅趕虛寒的成分。
趁熱吃，就可以提升促進血液循環的效果。

「虛寒」
食譜 Point

拌炒減少分量，鎖住營養成分！
蔥的辛辣成分阿離胺酸可以讓血液變得清澈，同時具有促進血液循環的作用。2根蔥或許給人分量過多的感覺，但只要經過拌炒，就可以減少分量感，同時還可以鎖住鮮味，使湯更添濃郁美味。

**1鍋（2碗）
的蔬菜攝取量**　蔥2根 ＋ 白菜1片 ＋ 菠菜¼小把 ＝ 350g

材料（2碗）

蔥…2根（200g）
白菜…1片（100g）
菠菜…¼小把（50g）
豬絞肉…100g
A｜薑汁、醬油、太白粉
　　…各1小匙
B｜水…3杯
　　雞骨高湯粉…2小匙
鹽、胡椒…各少許
芝麻油…1大匙
辣油…適量

1　蔥斜切成片，捨棄綠色部分不用，白菜切段。菠菜用熱水汆燙泡水後，把水擠乾，切成3cm長。

2　把絞肉、材料A放進碗裡搓揉攪拌。

3　用鍋子加熱芝麻油，放入蔥炒至焦黃色，加入材料B煮沸。

4　加入白菜，用中火烹煮2～3分鐘，白菜變軟之後，把步驟2的肉餡搓成小丸子丟進鍋裡，待肉丸浮起熟透後，加入菠菜，用鹽、胡椒調味。起鍋後，淋上辣油。

「虛寒」食譜 Point

香草也具有溫熱身體的作用

巴西利、羅勒、迷迭香等香草，不僅能增添料理的香氣，還具有溫熱身體的作用。只要預先做好青醬，就可以有效應用於湯品或義大利麵，相當方便！

法式牛肉焗洋蔥湯

1碗
497
kcal

洋蔥促進血液循環，牛肉預防貧血。
青醬也可以幫助驅除虛寒。

1鍋（2碗）的蔬菜攝取量　洋蔥 2小顆　＋　巴西利、羅勒 共計30g　＝ 350g

材料（2碗）

洋蔥…2小顆（320g）
牛肉片…100g
A｜巴西利、羅勒…共計30g
　｜松子…1大匙
　｜起司粉…2大匙
　｜蒜頭…½小瓣
　｜橄欖油…3大匙
　｜鹽、胡椒…各少許
B｜水…2.5杯
　｜月桂葉…1片
　｜鹽…½小匙
　｜法式清湯粉…½小匙
橄欖油…1大匙

1　洋蔥切片。

2　把材料A放進食物調理機，攪拌至柔滑程度，製作成青醬備用。

3　用鍋子加熱橄欖油，放入步驟1的洋蔥，充分拌炒。加入牛肉拌炒，加入材料B煮沸，撈除浮渣。起鍋後，鋪上步驟2的青醬。

「虛寒」食譜 Point

利用茼蒿和納豆補充維他命E

納豆、油豆腐等大豆加工品、豆芽菜、茼蒿含有豐富的維他命E。除了有促進血液循環的作用外，還有抗氧化作用，可驅除虛寒，提升免疫力！

茼蒿和鱈魚的納豆大醬湯

1碗
203
kcal

利用辣椒鹼提高代謝，使身體暖呼呼。
茼蒿的維他命E還能進一步促進血液循環！

1鍋（2碗）的蔬菜攝取量　　蘿蔔 3～4cm　＋　豆芽菜 100g　＋　 茼蒿 ¼把　＋　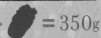 白菜泡菜 100g　＝ 350g

材料（2碗）

蘿蔔…3～4cm（100g）
豆芽菜…100g
茼蒿…¼把（50g）
白菜泡菜…100g
鱈魚…2塊
納豆…1包
A｜水…2杯
　｜雞骨高湯粉…1小匙
味噌…1大匙

1　蘿蔔切成略粗的細條。豆芽菜去除根鬚。茼蒿、泡菜切段。鱈魚切成3等分，用熱水汆燙，去除腥味。

2　把材料A放進鍋裡煮沸，加入鱈魚，熟透之後，加入蘿蔔、豆芽菜、泡菜，用中火烹煮2～3分鐘。

3　加入茼蒿和納豆快煮，溶入味噌。

蔬菜和油豆腐的薑味湯

1碗
205
kcal

薑末的辛辣，鎖住蔬菜的甜味。
強烈的辛辣成分溫暖身體！

1鍋（2碗）的蔬菜攝取量　蘿蔔 ⅛根　＋　胡蘿蔔 ⅓根　＋　高麗菜 ⅛顆　＝ 350g

材料（2碗）

蘿蔔…⅛根（150g）
胡蘿蔔…⅓根（50g）
高麗菜…⅛顆（150g）
薑…1瓣
油豆腐…1塊
高湯…3杯
醬油…1大匙
鹽…少許

1　蘿蔔、胡蘿蔔切成短籤切。高麗菜切段。薑磨成泥。油豆腐縱切成對半後，切成5mm厚。

2　把高湯倒入鍋裡煮沸，加入蘿蔔、胡蘿蔔、油豆腐，用中火烹煮5分鐘。

3　蔬菜變軟之後，加入高麗菜煮沸，用醬油、鹽調味。起鍋，鋪上薑末。

「虛寒」食譜 Point

薑是溫暖身體的代表性食材
薑的辛辣成分薑油，以促進血液循環、溫暖身體、有效改善虛寒而聞名。因為可以促進新陳代謝，所以也具有燃燒體脂肪的效果。

蔬菜類別索引

※各蔬菜類別中的料理名稱依頁數排列。

TITLE

一日多蔬湯料理

STAFF

出版	三悦文化圖書事業有限公司
編著	主婦之友社
譯者	羅淑慧
總編輯	郭湘齡
責任編輯	黃思婷
文字編輯	黃美玉　莊薇熙
美術編輯	謝彥如
排版	沈蔚庭
製版	明宏彩色照相製版股份有限公司
印刷	皇甫彩藝印刷股份有限公司
法律顧問	經兆國際法律事務所　黃沛聲律師
代理發行	瑞昇文化事業股份有限公司
地址	新北市中和區景平路464巷2弄1-4號
電話	(02)2945-3191
傳真	(02)2945-3190
網址	www.rising-books.com.tw
e-Mail	resing@ms34.hinet.net
劃撥帳號	19598343
戶名	瑞昇文化事業股份有限公司
初版日期	2016年6月
定價	250元

ORIGINAL JAPANESE EDITION STAFF

料理	堤 人美（Part1〜3）、牧野直子（Part4）
撮影	原ヒデトシ（Part1〜3）、 黒澤俊宏、松木 潤（主婦の友社写真課・Part4）
栄養計算	スタジオ食
スタイリング	諸橋昌子
デザイン	成冨チトセ（細山田デザイン事務所）
撮影協力	アワビーズ
構成・文	水口麻子
編集	佐々木めぐみ（主婦の友社）

國家圖書館出版品預行編目資料

一日多蔬湯料理 / 主婦之友社編著；羅淑慧譯.
-- 初版. -- 新北市：三悦文化圖書, 2016.04
96　面；18.2 x 25.7　公分
ISBN 978-986-92617-6-0(平裝)

1.食譜 2.湯

427.1　　　　　　　　　　　　105005603